인생을 바꾸는
퍼스널 컬러 이야기

인생을 바꾸는
퍼스널 컬러 이야기

1판 1쇄 인쇄 2023. 2. 27.
1판 1쇄 발행 2023. 3. 10.

지은이 팽정은

발행인 고세규
편집 김애리, 봉정하 디자인 지은혜 홍보 이태린 마케팅 박인지
발행처 김영사
등록 1979년 5월 17일(제406-2003-036호)
주소 경기도 파주시 문발로 197(문발동) 우편번호 10881
전화 마케팅부 031)955-3100, 편집부 031)955-3200 | 팩스 031)955-3111

값은 뒤표지에 있습니다.
ISBN 978-89-349-5103-2 13590

홈페이지 www.gimmyoung.com   블로그 blog.naver.com/gybook
인스타그램 instagram.com/gimmyoung   이메일 bestbook@gimmyoung.com

좋은 독자가 좋은 책을 만듭니다.
김영사는 독자 여러분의 의견에 항상 귀 기울이고 있습니다.

인생을 바꾸는
퍼스널 컬러
이야기

팽정은 지음

personal
color

김영사

나를 나답게 빛나게 해주는
퍼스널 컬러

"사람들은 당신이 어떤 사람인 것처럼 보이는지는 알지만,
정확히 어떤 사람인지는 아무도 모른다"

마키아벨리

personal color

"퍼스널 컬러를 알면 인생이 바뀐다."

유튜브 채널 '팽대표의 나를 찾는 TV'를 오픈한 뒤 제가 처음 찍은 동영상 콘텐츠의 제목이 "컬러가 인생을 바꾼다"였습니다. 저 자신을 되돌아보면, 퍼스널 컬러 분야를 알게 되고 이미지 브랜딩의 전문가가 되면서 짧은 시간에 정말 많은 변화가 생겼습니다. 그리고 오늘의 저는 행복한 시간을 보내고 있고 더 발전하고 성장할 날들을 기다리고 있습니다. 예전의 저라면 감히 꿈꾸지도 못했을 인생입니다.

"컬러가 인생을 바꾼다"라는 말은 최소한 제게는 자극적인 과장이 아닙니다. 바로 저 자신의 이야기이기 때문입니다. 평범하게 살아가던 저

에게 "정은아, 넌 사람을 좋아하고 사람들의 외적인 모습을 연출하는 데 감각이 좋잖아"라고 했던 친구의 권유에서 이미지 브랜딩을 공부하기 시작했습니다. 그때까지만 해도 별다른 감흥이 없었던 게 사실입니다. 그런데 이게 웬일이지? 제 안의 열정이 에너지를 뿜어내기 시작했습니다.

이미지 브랜딩을 공부하는 과정은 기존의 저를 깨부수는 것에서 시작했습니다. 그리고 내면의 나를 찾아가는 과정이었습니다. 그냥 꾸미고 멋부리기를 좋아했으니, 외적 이미지를 한껏 꾸미고 다니는 것이 전부인 줄 알았습니다. 하지만 이미지 브랜딩에 대한 개념을 정립해 가는 동안 깨달았습니다. '그건 그냥 그때그때 충동과 유행을 따랐을 뿐, 나를 나답게 빛나게 해주는 것이 아니었구나'라고 말입니다.

그리고 그런 멋부리기와 치장은 나의 장점을 어필해서 긍정적인 이미지를 자아내는 것도 아니었습니다. 천편일률적인 페르소나의 가면을 쓰고 누가 더 비싼 것을 어렵게 구매하고 소비하는지 경쟁하는 것과 같았습니다. 그럴수록 저의 자아는 찾을 수 없는 바닥으로 실종되고 본래의 빛을 잃어가고 있었습니다.

나를 찾아가는 과정에서 가장 도움 되고 객관적인 프레임을 제시해 준 두 가지가 있습니다. '퍼스널 컬러'와 '골격 이미지 분석'에 따른 스타일링입니다. 사람마다 타고난 색소 요인을 분석해서 최상의 이미지를 돋보이게 만드는 마법이 퍼스널 컬러입니다. 골격 이미지 분석은 타고난 골격 스타일을 분석하여 가장 차별적인 패션의 자기 기반을 일러줍니다.

외적인 이미지를 보여주는 퍼스널 컬러의 주요 요소에는 패션, 메이크업, 헤어스타일을 들 수 있습니다. 사람마다 지니는 색소가 조금씩 다른데 보통 피부, 헤어, 눈동자 등에서 차이가 있습니다. 같은 한국 사람인데 색깔이 달라 봐야 얼마나 다르겠냐고 반문하기도 합니다. 세상은 '무엇을 보느냐가 아니라 어떻게 보느냐?'에 따라 그 진실이 모습을 달리하는 법입니다. 분명 사람은 미세하지만 타인과 차별되는 컬러를 가지고 있고, 퍼스널 컬러는 이러한 색 요소를 찾아내는 과정이 기본입니다. 나의 색 요소와 어울리는 외면의 스타일링을 완성하는 데 퍼스널 컬러 진단이 핵심입니다.

골격 이미지 분석은 퍼스널 컬러로 담아내지 못하는 부분을 패션스타일로 보완해서 개인의 외적 이미지를 잘 드러나게 하는 기준이 됩니다. 각 신체 골격의 특징, 근육감, 두께감, 밸런스, 피부 타입 등을 분석해서 각 골격 타입에 어울리는 디자인, 길이감, 소재, 아이템 등을 추천해줌으로써 내 신체의 장점을 효과적으로 드러내고 단점을 보완할 수 있도록 해줍니다. 그때그때 유행에 따르거나 입고 싶은 대로 입기보다 골격 유형에 맞는 패션 스타일을 찾는다면 여러분의 외적 이미지를 더 효과적으로 잘 보여줄 수 있습니다.

제가 좋아하는 일에서 이만큼 인지도를 쌓고 자리매김할 수 있었던 건 '팽대표에게 달려가면 뭔가 달라질 수 있을 거야'라는 믿음을 보여줬기 때문일 것입니다. 그에 보답하기 위해서 저는 최선을 다했고, 그래서 저와 함께 저를 찾아온 분들의 인생도 바뀌기 시작했습니다.

이 책은 저와 그분들의 이야기입니다. 퍼스널 컬러를 알아 인생이 바꾼 사람들의 이야기. 그리고 이 책을 읽는 여러분의 이야기가 되기를 바라며 이제부터 풀어가겠습니다.

퍼스널 브랜딩 컨설턴트
팽대표를 소개합니다!

차례

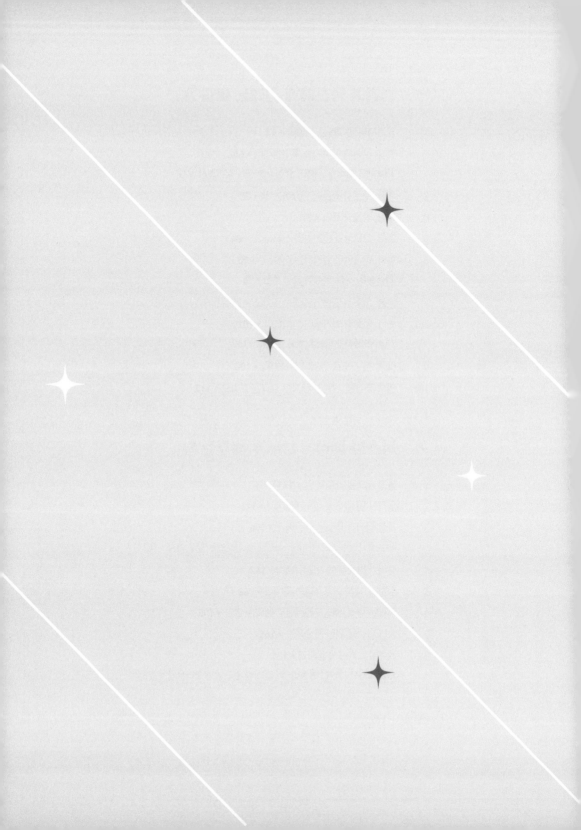

personal color

퍼스널 컬러, 나를 찾는 첫 번째 여정

누구나 고유의 컬러를
갖고 있다

personal color

세상의 모든 물체에는 색이 있다. 그 색들은 다른 색과 구별되는 자기 고유의 특성과 차이점을 갖고 있다. 흰색을 예로 들어보자. '흰색이 다 똑같지 뭐'라고 생각하기 쉽지만 물건에 따라, 사람에 따라 미묘한 차이를 느낄 수 있다. 흰색이나 검정과 같은 무채색을 두고 흔히 모두에게 어울리는 색이라 여기는 사람들이 많지만 이는 절대 그렇지 않다. 생김새가 각기 다르듯 모든 사람은 자신만의 퍼스널 컬러personal color를 갖고 있기 때문이다. 즉 퍼스널 컬러란 타고난 개인의 컬러를 말한다.

퍼스널 컬러 전문가로 일하는 지금은 상상할 수도 없지만, 과거 나의 옷장은 마치 달마시안 강아지와도 같았다. 무난할 거라는 생각에 구입한 흰색 계열의 옷이 가득한 가운데 중간중간 검정색 옷들이 끼어 있었으니 말이다. 수묵화를 옷장에 옮겨놓았다고 해도 무방할 정도였다.

그때나 지금이나 다양한 컬러를 선택할 수 있는데 왜 그런 무채색만 고집했을까? 아마도 색에 대한 두려움 때문이시 않았을까. 내게 어울리는 색이 무엇인지도 잘 모르는 데다, 튀는 색을 입고 거리에 나섰을 때 받는 타인의 시선이 두려웠던 것이다.

주변을 한번 둘러보자. 옷, 구두, 화장품, 액세서리… 참으로 컬러풀한 세상이다. 수만 가지 색깔의 스펙트럼 속에서 자신이 원하는 색상과 나에게 어울리는 톤, 나만을 위한 컬러를 선택할 수 있는 색의 천국에 살고 있다.

하지만 색의 더미 속에 깔려 지내는 우리는 과연 색에 대한 정체성을 이해하고 있는가? 색을 지배하기는커녕 색의 지배를 받고 있진 않은가? 선택을 하는 쪽이 사람이기는 한 걸까, 아니면 색상이 사람을 선택하는 상황으로 흐르는 것은 아닐까?

퍼스널 컬러에 관한 컨설팅을 하면서 상대방에게 좋아하는 컬러를 물으면 핑크, 퍼플, 레드, 블루 등이라고 다양하게 대답한다. 그런데 정작 잘 어울리거나 애용하는 컬러는 무엇이냐고 물으면 십중팔구 말문이 막힌다. 우물쭈물하다가 결국 대부분의 사람들이 무난하다고 여기는 블랙, 베이지, 네이비, 그레이, 화이트 등을 말한다.

그러나 실제 퍼스널 컬러를 진단해보면 스스로 좋아한다고 생각해왔던 컬러와는 전혀 다른 생뚱맞은 컬러가 정작 자신에게 어울리는 컬러였음을 수없이 많이 보게 된다. 스스로 패셔니스타나 트렌드 세터라고 여기던 사람도 의외로 최상의 색상을 알지 못하는 경우를 자주 보았다.

▶ 블랙 컬러가 잘 어울린다고 생각하여 늘 블랙의 정장만 고수했는데, 막상 화이트톤의 밝은 계열을 입으니 인상도 훨씬 부드러워진 데다 화사하고 우아한 이미지로 바뀌었다.

모델: 김지영 바이허아카데미 부원장

유명 뷰티 유튜버나 패셔니스타로 잘 알려진 인플루언서와 콜라보레이션 방송을 할 때도 퍼스널 컬러 컨설팅을 통해 그들도 몰랐던, 자신에게 어울리는 컬러와 이미지를 찾아준 사례가 수없이 많다.

예를 들어, 자신은 무채색을 좋아한다고 말하지만 비비드하고 컬러풀한 컬러가 잘 어울린다는 진단을 받기도 하고, 블랙 컬러의 옷만 고수한다는 고객 중에서 화이트가 지배하는 고명도 컬러가 어울리는 경우도 자주 나타난다. 흰색을 좋아해 화이트 컬러의 상의가 대부분이라던 한 패셔니스타는, 정작 옐로가 살짝 섞인 크림이나 아이보리가 훨씬 멋진 결과를 보였다.

한번 각인된 이미지를 바꾸려면 많은 시간과 노력이 필요하다는 섭리를 경험으로 잘 알고 있다. 그렇기에 퍼스널 컬러의 진단과 처방을 통한 기초적인 투자가 더욱 필요하다. 나와 어울리지 않는 패션, 메이크업, 헤어컬러 등에 돈과 시간을 투자해왔다면, 지금 당장 퍼스널 컬러를 아는 것이야말로 더욱 값진 기회비용을 창출하는 지름길이다.

　대부분의 사람들이 선택하는 컬러가 정답은 아니다. 자신만의 퍼스널 컬러를 찾아야만 색에 잠식되지 않고 나만의 빛깔을 반짝반짝 드러내는 사람이 될 수 있다. 내게 잘 어울리는 컬러를 찾는 일이 중요한 이유이다.

옷 색깔이 문제일까, 얼굴색이 문제일까

personal color

현대사회의 패셔니스타라면 "난 옐로를 좋아해"라든가 "나는 옐로가 잘 어울려"라는 말을 하지 않는다. 옐로라는 컬러 하나에도 선명도 혹은 밝기가 매우 다양하기 때문이다. 그래서 무턱대고 옐로를 찾다가는 크게 실망할 수 있다는 사실을 명심하자.

실제로 내가 퍼스널 컬러를 모르던 시절, 머스터드 옐로 컬러의 재킷을 사서 입고 다닌 적이 있었다. 기본적으로 오래 입는 재킷이나 코트 같은 아우터를 살 때 대부분은 튀지 않는 컬러를 선택하곤 한다. 그래서인지 색감이 남달리 두드러졌던 나의 옐로 재킷은 어딜 가든 많은 사람의 시선을 끌어모았다.

▶ 얼굴 톤에 맞는 옐로를 쓰니 이미지
  가 완전 달라졌다.

"어머 정은이 재킷 너무 이쁘다."

"어디서 샀어?"

"그런 컬러를 입다니 멋쟁이네."

그렇게 난 그들의 소란스러운 시선을 즐겼다. 그런데 그 뒤에는 간혹
꼬리표 같은 걱정이 따라붙었다.

"요즘 바쁘고 피곤한가 봐."

"어제 잠 못 잤어?"

이런 말들이 이상하게 거슬렸다. 하지만 퍼스널 컬러를 알게 된 후,
그들이야말로 정말 매서운 감각의 소유자이며, 그런 걱정에는 합리적

이유가 있다는 사실을 비로소 깨달았다. 재킷 자체의 컬러는 매우 예뻤고 주목받기에 모자람이 없었으나 정작 문제는 다른 곳에 있었다. 그 재킷의 머스터드 옐로 컬러가 나의 얼굴 톤과 전혀 맞지 않았던 것이다.

이처럼 나와 어울리지 않는 컬러는 안색을 칙칙하고 어둡게 만들고, 다크서클이나 팔자주름까지 도드라져 보이게 한다. 게다가 피부는 탄력과 윤기를 잃은 듯 보여서 매력이란 매력은 모두 날아가버렸다. 사람들의 시선을 사로잡은 것은 내가 아니라, 눈에 띄는 머스터드 옐로 컬러를 품은 재킷이었던 것이다.

그렇다면 나는 옐로 컬러를 멀리해야 할까? 결론부터 말하자면 절대 그렇지 않다. 옐로 컬러 중에서도 색이 선명하고 푸른 기운이 감도는 색감을 고르면 화사하고 생동감 넘치는 얼굴로 표정이 한결 밝아진다. 이것이 퍼스널 컬러의 마법이다.

일본색채연구소가 만든 P.C.C.S Practical Color Coordinate System 톤맵을 통해 같은 색이라도 어떻게 달라지는지 구체적으로 알아보자.

톤맵을 보면 오른쪽으로 갈수록 색의 선명도가 높아지는 고채도의 컬러들이고, 위로 갈수록 색에 화이트가 많이 섞여 밝아지는 고명도의 컬러들이다. 색상환의 같은 위치에 자리한 옐로만 비교해보아도 수없이 많은 옐로가 있다는 사실을 알 수 있다.

퍼스널 컬러 진단 초창기에는 단순히 웜톤과 쿨톤 그리고 사계절 구분법 정도로 한정했지만, 점차 다양한 세부 톤 컨설팅으로 발전했다. 10분류, 12분류, 16분류까지 세부 톤을 나누기도 하는데, 이 책에서는 퍼스널 컬러 업계에서 가장 대중적으로 사용하는 8분류에 대해 설명하려 한다.

▶ 봄 웜톤

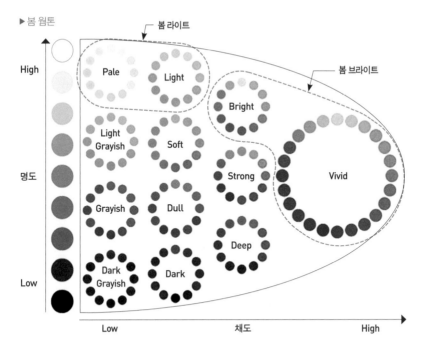

▶ 여름 쿨톤

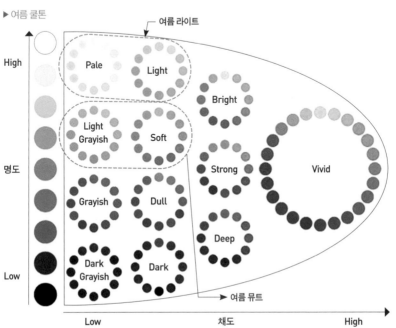

▶ 가을 웜톤

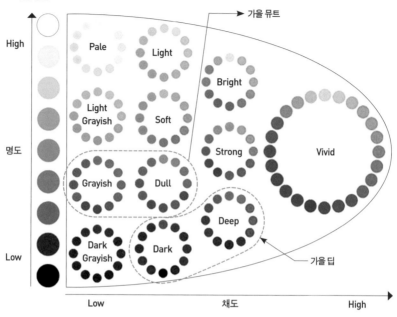

▶ 겨울 쿨톤

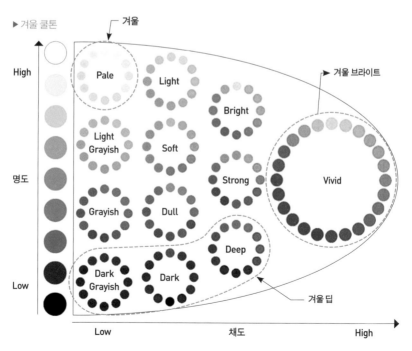

채도*와 명도**가 만나서 만들어내는 색의 분위기를 톤이라 부르고, 그 톤은 퍼스널 컬러 산업계에서 흔히 12가지로 구분한다. 선명하고 명쾌한 '비비드Vivid', 비비드에 화이트를 아주 조금 섞어 밝고 선명한 '브라이트Bright', 가볍고 부드러운 '라이트Light', 화이트가 가장 많이 섞여 연하고 섬세한 '페일Pale', 페일에 그레이를 섞어 부드럽고 우아한 '라이트그레이시Light Grayish', 라이트그레이시보다 살짝 채도 높은 '소프트Soft', 탁하고 칙칙한 '그레이시Grayish', 둔하고 차분한 '덜Dull', 강하고 심도 있는 '스트롱Strong', 진하고 깊이 있는 '딥Deep', 어둡고 무거운 '다크Dark', 블랙에 가까운 '다크그레이시Dark Grayish' 등 12가지의 톤 이미지로 나눌 수 있다.

이 12가지의 톤 이미지를 퍼스널 컬러의 사계절에 맞추어 다시 나누어야 한다. 이때 봄과 가을은 웜톤, 여름과 겨울은 쿨톤으로 분류한다.

봄 웜톤은 비비드, 브라이트, 라이트인데, 간혹 페일도 해당된다. 여름 쿨톤은 라이트, 페일, 소프트, 라이트그레이시이며, 가을 웜톤에는 딥, 덜, 다크, 그레이시가 속한다. 겨울 쿨톤으로는 비비드, 딥, 다크그레이시, 페일이 있다.

그리고 다시 계절별 세부 톤을 그룹화하여 앞의 표와 같이 단순화할 수 있는데, 이것이 퍼스널 컬러 8분류법이다. 앞서 말한 옐로 컬러를 표와 함께 보면 이해가 쉬울 것이다.

* 흰색, 회색, 검은색 등과 혼합되지 않은 색의 순도와 강도.

** 색의 상대적인 밝음과 어두움.

컬러도 사계절을
품고 있다

personal color

12가지 톤은 사계절에 따라 나누어진다. 퍼스널 컬러에 사계절 이론이 도입된 배경을 살펴보자.

퍼스널 컬러의 역사에 여러 학자들이 거론되지만, 그중 사계절 이론을 창시하는 데 중요한 역할을 한 사람으로 독일 디자인학교인 바우하우스의 색채학자 요하네스 이튼Johannes Itten과 미국의 캐롤 잭슨Carole Jackson이 있다.

요하네스 이튼은 입체주의와 나이브 아트 화가로도 명성이 높았지만, 퍼스널 컬러 산업계에서는 유명 이론가로서 입지가 탄탄했다. 그의 예술 경향 또한 현대 퍼스널 컬러의 색채 이론에 지대한 영향을 끼쳤다. "자연의 사계절 안에는 모든 색채의 근원과 조화가 숨어 있습니다. 그래서 그 의미를 깊이 관찰해야 합니다"라고 강조한 이튼은 신체의 색깔이 사계절의 이미지와 유사점이 많다는 것에 주목하고, 각 사람들이 지닌 컬러의 특색을 계절별 감각의 색에 따라 분류하는 색채 분석법을 도출하였다.

캐롤 잭슨은 1980년 발간한《컬러 미 뷰티풀Color me Beautiful》에서 사계절을 기준으로 분류한 퍼스널 컬러를 뷰티나 패션 같은 업계의 이미지에 그대로 적용했다. 이 책의 영향으로 퍼스널 컬러의 사계절 분류법이 세계적으로 대유행하기 시작했다.

두 이론가의 고차원적인 학식은 잠시 뒤로 하고, 두 눈을 감고 우리가 살아온 각 계절의 색상과 이미지를 떠올려보자.

▶ 봄, 여름, 가을, 겨울

3월이나 4월의 봄을 상상해보자. 겨우내 잠자던 자연이 기지개를 켜는 생동감의 계절, 꽃이 피고 산들바람이 불며 따사로운 햇살이 기분 좋게 내리쬔다. 봄은 생동감, 밝고 화사한 느낌, 경쾌한 이미지이다.

여름을 떠올려보자. 작열하는 태양, 멀리 수평선까지 내달리고 싶어지는 파란 바다, 깨끗하고 푸른 하늘… 퍼스널 컬러의 여름이 지닌 느낌도 이와 비슷하다. 고명도이지만 부드러운 저채도의 컬러감과 이런 컬러감이 우아하고 부드럽게 표출되는 이미지가 여름 쿨톤의 특징이다.

탐스럽게 과일이 익어가고 낙엽이 붉게 물드는 가을은 어떠한가. 클래식하고 성숙한 이미지가 강한 가을이니만큼 빨갛고 노란 색색의 낙엽이 풍성한 색감을 자랑하고, 들판에 익은 곡식의 황금빛이 다채로움을 더하는 이미지부터 떠오른다. 가을 웜톤인 사람은 다소 딥하게 가라앉는 경향이 있지만 한편으론 그러한 컬러감을 잘 소화하는 능력이 우러나오기도 한다.

겨울은 차갑고 선명하면서도 강렬한 느낌을 준다. 흰 눈과 얼음이 주는 차갑고 선명함, 깜깜한 겨울 밤하늘에서 강하게 반짝이는 샛별의 이미지… 그래서 퍼스널 컬러가 겨울 쿨톤인 사람은 카리스마 넘치며 모던한 느낌을 준다. 어두운 저명도의 컬러와 선명한 고채도가 잘 어울리는 쿨한 이미지를 느낄 수 있다.

참고로 명도는 색의 밝음의 정도를 뜻하는데, 밝으면 '명도가 높다', 어두우면 '명도가 낮다'라고 말한다. 다음의 그림을 보면, 순색의 빨강을 중심에 두고 세로를 명도, 가로를 채도로 놓는다. 채도가 높을수록 순색에 가깝다. 저채도의 경우 명도가 높은 흰색을 섞으면 밝은 색이, 명도가 낮은 검은색을 섞으면 어두운 색이 된다.

▶ 명도와 채도

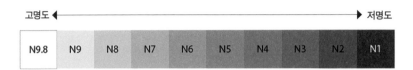

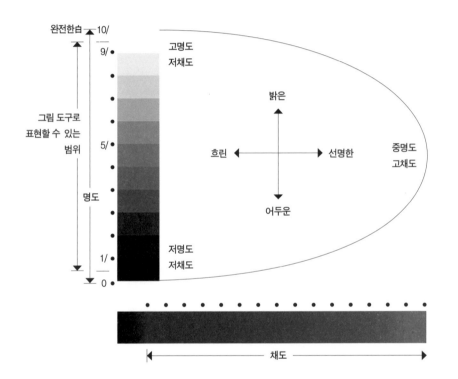

봄 여름 가을 겨울,
나는 어디에 해당할까?

personal color

봄 웜톤, 여름 쿨톤, 가을 웜톤, 겨울 쿨톤.

설명만 들어서는 쉽게 이해하기 어렵다. 특히 색이라는 특성상, 직접 눈으로 보는 것만큼 확실한 방법이 없다. 익히 아는 연예인들의 얼굴로 퍼스널 컬러를 진단해보는 것도 큰 도움이 된다. 물론 직접 만나서 분석한 것이 아니라 정확하지 않을 수 있지만, 화면에서 보이는 이미지나 화장 톤, 옷 컬러감을 통해 알아볼 수는 있다.

1. 피부색을 보자

우선, 피부색을 보자! 봄 타입의 대표는 소녀시대의 멤버이며 배우로도 활동하는 윤아이다. 얼핏 봐도 피부가 맑고 투명한 데다 윤기도 있어 아이보리처럼 밝은 컬러의 이미지를 갖고 있다. 웜톤으로 분석되는 피부는 다른 유형보다 색소에 노란색을 띠게 하는 케라틴 성분이 많다.[*] 그래서 햇빛에 노출되면 색소가 과다하게 올라오는 경향을 보이는데, 특히 봄 웜톤 라이트는 피부가 얇아 이러한 특색이 두드러진다.

여름 쿨톤의 연예인으로는 배우 손예진을 꼽을 수 있다. 손예진의 피부는 푸른 기운과 함께 핑크 기운이 감도는 특색을 보이는데, 이는 헤모글로빈 색소의 붉은색에 많은 영향을 받았기 때문이다. 전반적으로 베이스를 이루는 지배색이 흰색이다. 특히 여름 쿨톤 중에서도 라이트톤은 피부가 매트해 보이면서 햇빛을 받으면 붉어지는 경향이 나타난다.

이효리는 가을 웜톤의 대명사이다. 옐로를 베이스로, 아이보리보다 진한 베이지 색감에 가까운 톤의 탄탄하고 매트한 피부가 돋보인다. 봄이나 여름과 달리 가을 웜톤은 피부가 민감하지 않아 홍조가 없는 편이어서 자연광 아래 강한 햇빛을 받고도 건강미 있는 태닝 효과를 누릴 수 있다.

[*] 《퍼스널 컬러》, 김효진 지음, 자유문고, 초판 1쇄 2017년 4월 7일, p 46.

겨울 쿨톤은 배우 김혜수처럼 차가운 도시 여자의 이미지가 강하다. 여름 쿨톤과 유사한 느낌이지만 여름 쿨톤이 밝고 차가운 색이라면, 겨울 쿨톤은 원색의 느낌이 강한 색이다.

게다가 나처럼 노란 지배색 위에 회색 기운이 겉도는 경우도 종종 있어서, 가을 웜톤과 구분이 어려울 수도 있다.

2. 헤어컬러와 모발을 살펴보자

두 번째, 헤어컬러와 모발의 특징을 살펴보자.

"나 염색하지도 않았는데 학생주임 선생님께 또 혼났어."

내가 고등학교에 다닐 때만 해도 염색 머리는 비행소녀의 특징이었다. 여자 고등학교에서 염색은 엄격하게 금지된, 언감생심이었다. 그런데도 본의 아니게 비행소녀 후보군 정도로 낙인찍혀 억울해하던 친구들이 떠오른다. 지금 생각하면 다들 봄 웜톤에 해당되는 경우였다.

봄 웜톤은 염색을 하지 않아도 모발에서 밝은 브라운 색감이 반짝이는 특징을 보인다. 그래서 학창 시절 선생님에게 억울하게 혼나기도 한다. 더욱이 윤기 넘치는 밝은 색 머리칼을 찰랑거리기라도 하면 비행소녀의 뒷모습으로 오인당하기 쉽다. 하지만 학창 시절 부러웠던 봄 웜톤의 머리카락은 세월 앞에 힘없이 무기력해진다. 모발이 얇아 펌이 잘 나오지 않고 숱까지 적어서 웬만해서는 풍성한 스타일을 내보이기가 어렵기 때문이다.

여름 쿨톤의 헤어컬러는 그다지 진하지 않은 자연스러운 흑갈색이며 노란 기를 찾기 어렵다. 모발은 얇고 매트한 경우가 많다.

그런가 하면 가을 웜톤은 진한 갈색의 두꺼운 모발이 풍성한 편이다.

▲ 봄 웜톤

▲ 여름 쿨톤

▲ 가을 웜톤

▲ 겨울 쿨톤

030

숱이 많고 다소 무거운 질감이라 스타일링하기에 이보다 더 좋을 수 없다. 다만 어린 시절에는 봄 웜톤처럼 찰랑거리는 발랄함을 부러워했을지도 모른다.

겨울 쿨톤은 블랙이나 짙은 브라운 컬러가 두드러진다. 윤기 있고 숱이 많으면서 두꺼운 모발이 매우 건강하게 느껴지는 유형이다.

3. 눈동자를 들여다보자

세 번째, 눈동자를 들여다보자.

눈동자 컬러로 톤을 진단하는 데 의문을 품는 사람도 있을 것이다. 동양인들의 눈은 대부분 비슷한 색을 가졌으니 말이다. 퍼스널 컬러 분석법의 기원이 서양이다 보니, 눈동자가 브라운 컬러 일색인 한국인들에게 효과적인 척도가 되기 어려운 것은 사실이다. 하지만 눈동자의 선명도, 대비감, 눈동자 테두리의 컬러를 기준으로도 퍼스널 컬러의 사계절을 분류할 수 있다.

봄 웜톤의 눈은 흰자와 검은자의 경계가 또렷하고 망막이 반짝이는 경우가 많다. 눈동자는 밝은 브라운 톤이라 동공도 훤히 잘 보인다. 그래서 눈에서 맑고 선명한 이미지를 느낄 수 있다.

여름 쿨톤의 눈은 흰자와 검은자의 경계가 부드럽고 특히 검은자가 밝게 보인다. 눈동자의 테두리에서 쿨톤 컬러인 블루, 퍼플, 그레이의 색감을 볼 수 있다.

가을 웜톤의 눈은 흰자와 검은자의 경계가 마치 어둠 속 촛불처럼 부드럽게 허물어져 매끄럽게 연결된다. 황갈색처럼 깊이 있는 컬러가 지배색이어서 다소 어두워 보이는 명도가 부드러운 안정감을 준다.

겨울 쿨톤의 눈은 흰자와 검은 눈동자의 경계가 매우 명확하고 분명해 보인다. 적갈색이나 암갈색의 진한 눈동자가 날카로운 카리스마를 보여준다.

다섯 가지 감각 중 누군가를 가장 잘 인지시키는 감각이 시각이라고 한다. 그 시각 중에서도 가장 큰 비중을 차지하는 게 컬러다. 컬러에 따라서 나에게 어울리는 컬러가 있고, 나를 더 칙칙하고 나이들어 보이게 하는 컬러가 있다. 퍼스널 컬러의 4가지 톤만 확실하게 알고 있어도, 그 컬러가 가진 이미지를 잡아서 스타일을 만든다면 훨씬 쉽게 나만의 콘셉트를 잡을 수 있을 것이다.

퍼스널 컬러
자가 진단 방법

나의 퍼스널 컬러를 알아보자

전문가에게 직접 드레이핑을 받지 못할 경우 부록을 활용하여 아래 설명한 요건들을 갖추고, 내게 어울리는 컬러를 직접 찾아 퍼스널 컬러를 발견해보자.

① 자연광이 들어오거나 백열등의 노란 불빛이 아닌 형광등(주광등)을 이용하는 장소를 찾는다.

② 얼굴은 메이크업을 하지 않는다.

③ 헤어와 상의의 컬러에 영향을 받지 않도록 흰색 두건을 쓰고 흰색의 케이프로 상의를 가린다.

④ 거울 앞에 앉아 컬러를 하나씩 얼굴 아래에 대어본다.

모델: 중국 인플루언서 쥰키 @jyunky_

베스트 컬러와 워스트 컬러의 차이는?

Best 잡티, 홍조, 다크서클이 옅어 보여요. 얼굴에 혈색이 돌고 생기 있어 보여요. 피부 톤이 균일해 보이고 이미지가 대체적으로 화사해 보여요.

Worst 잡티가 많이 보이고 홍조도 심해져요. 다크서클이 짙어지면서 얼굴에서 생기를 느낄 수 없고 아파 보이기도 해요. 얼굴에 그림자가 지고 칙칙해 보인다는 단점도 있네요.

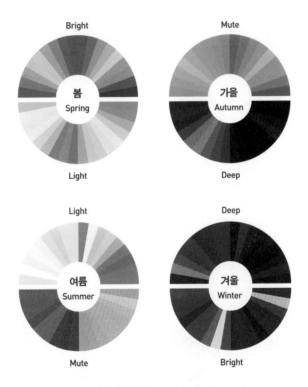

▶ 퍼스널 컬러의 웜톤(봄, 가을)과 쿨톤(여름, 겨울)

5

내가 원하는 컬러
vs 나에게 맞는 컬러

personal color

퍼스널 컬러로 컨설팅을 하다 보면 정말 다양한 계층과 직업군의 고객을 만난다. 수많은 수강생을 상대하는 일타 강사, 아나운서 혹은 배우 지망생처럼 외면의 이미지가 자신의 가치를 끌어올리는 데 중요한 직종의 사람들이 큰 효과를 기대하고 찾아온다. 그런가 하면 공무원이나 회사원, 작가 등 대면으로 접촉하는 외부인에게 자신의 이미지가 미치는 영향을 크게 고려하지 않아도 되는 직업군임에도 찾아오는 분들도 드물지 않다.

　타인에 대한 의식과 영향력을 떠나, 위 두 부류의 공통된 특징은 하나다. 자신이 선망하는 이미지와 자신에게 어울리는 이미지를 모두 갖고

자 한다는 것이다. 그 상황에서 나의 역할은 그들의 현실과 욕망 사이를 이어줄 다리를 컨설팅하는 일이다.

사무관 K, 가을 웜톤인 줄 알았는데 겨울 쿨톤이라고?

얼마 전 30대 초반인 사무관 K가 컨설팅을 요청했다. 그녀를 처음 본 순간, 큼직큼직한 이목구비와 짙은 헤어 및 눈썹이 시선을 끌어당겼다. 한눈에 봐도 강한 이미지를 지닌 겨울 쿨톤이었다.

하지만 그녀는 이전에 이미 퍼스널 컬러 컨설턴트가 가을 웜톤이라고 진단해준 경험이 있었다. K는 그때의 오진을 믿고 가을 웜톤에 맞게 성숙하고 클래식한 이미지로 메이크업과 스타일링을 바꿨다고 했다. 그러나 잘못된 처방에 대해서는 환자가 가장 빨리 아는 법이다. 아무리 봐도 바꾼 컬러나 스타일이 어울리지 않는다는 생각에 찜찜함이 계속 들었던 데다가 성숙함을 넘어 나이 들어 보이는 스타일링에 미혼인 K는 스스로 위축되었다.

자신이 가을 웜톤이라는 K의 말에 나는 고개를 가로저었다. 겨울 쿨톤일 가능성이 매우 컸기에 드레이핑을 통한 세부 진단을 시작했고, 역시나 겨울 쿨톤 중에서도 비비드한 컬러가 어울리는 브라이트 톤으로 진단되었다.

어디에서부터 문제가 시작되었는지를 알 것 같았다. 대화를 나눠보니 정작 K 본인이 가을 웜톤 이미지를 선호해왔다는 사실을 알게 되었다. 강한 외모를 조금이라도 희석해 보려는 콤플렉스에서 빚어진 결과였다. 그래서 의도적으로 부드러운 이미지를 원했고, 내가 내린 컨설팅 결과를 듣고도 스타일링을 바꾸는 데 주저하는 모습을 보였다. 겨울 쿨톤이라는 걸 알면서도 지금껏 마음에 두고 있던 가을 웜톤을 선뜻 포기하지 못했다.

사무관인 그녀는 평생 공직에 몸담을 생각을 해서인지 관료성이 강조된 어두운 유니폼이 세상에 드러내는 이미지의 전부가 되었다. 그래서인지 더욱 자신이 선호하는 이미지를 열망했던 듯하다.

안톤 체호프가 말했다. "인간은 가질 수 있는 것은 물론이고 가지고 싶은 것까지 동시에 원한다." 자신이 속한 집단의 특성이 하나의 이미지로 특정화될 때, 그 집단에 속한 사람들은 자신을 포기하거나 혹은 자기 이미지를 달리 표현하려는 경향을 보인다.

K 같은 고객일수록 전문가의 손길과 관심이 필요하다. 세부 컬러 진단에서부터 체형, 그리고 성향과 욕망까지 파고들어야 한다. 나는 K에게 다음과 같이 정량적 처방을 내리고 실천하도록 제안했다.

037

- K가 속한 고위 공무원 사회에서 활동할 때는 K에게 잘 어울리는 겨울 쿨톤의 시크한 이미지를 바탕으로 하자.
- 데이트나 사적 모임에서는 K가 닮고 싶어 하는 부드러운 이미지를 발산하자. 단, 겨울 쿨톤과 유사 계열인 여름 쿨톤 스타일을 통해 깔끔하고 우아하게 스타일링해야 한다.
- 평소 사용해왔던 가을 웜톤의 립스틱은 서랍에 넣어두고, 겨울 쿨톤의 립스틱 (릴리바이레드 8호 체리슈 먹은 척, 페리페라 16호 하트백만개 등)을 화장대에 두자.
- 헤어컬러는 블랙을 유지하자. 밝은 브라운 컬러로 염색하는 일탈은 생각도 하지 말자. 브라운, 오렌지, 옐로 등 웜톤 계열의 상의는 가급적 피하자.
- 정말 입을 옷이 없을 때는 차라리 화이트 셔츠를 입자.

K에 대한 기억이 희미해질 즈음, 반가운 후기가 도착했다. 주변 사람들로부터 "요즘 무슨 좋은 일이라도 생겼니?"라는 시샘 어린 칭찬을 자주 듣는다는 문자였다. 내가 일러준 겨울 쿨톤 립스틱 하나만으로도 K의 일상이 크게 달라졌다.

기본 스타일은 시크하게 블랙이나 화이트 계열을 사용하지만, 이너웨어나 액세서리를 통해 포인트 컬러를 강조한다고 했다. K는 마젠타, 로열 블루, 레몬 옐로, 피콕 그린 등의 컬러가 담긴 이너웨어나 액세서리를 통해 브라이트한 이미지를 즐겼다.

이미지 브랜딩 컨설턴트로서 나는 기본 이미지를 배척하는 것은 옳지 않다고 확신한다. 그래서 K에게도 자신이 열망하는 이미지가 아닌, 자신에게 가장 잘 어울리는 이미지를 앞서 말했듯 배경에 놓도록 설득했다. 겨울 쿨톤을 배경으로 가을 웜톤의 일탈을 즐기게 한 것이다.

지금껏 가을 웜톤으로 살아온 K에게, 대비감이 두드러지는 브라이트한 컬러는 어색할 수 있다. 게다가 화려함이 잘 어울리는 겨울 쿨톤을 일상의 배경 스타일로 고착하려면 적지 않은 노력도 필요하다.

하지만 공적인 자리에서 대면하는 만남을 시작으로 점차 주변 사람들 앞에서 자신에게 어울리는 이미지를 연출한다면 어느덧 시크하고 모던한 이미지로 사랑받을 것이다. 무엇보다 스스로를 더욱 사랑하게 될 것이다.

겨울 쿨톤 메이크업
&스타일링 꿀팁

Tip
겨울
쿨톤

딥 메이크업

겨울 쿨톤에서 딥톤은 시크하고 강렬한 메이크업이 좋다. 컬러감을 많이 올리기보단 깔끔하되 아이나 립 중 하나에는 포인트를 주는 게 어울린다.

- 얇고 투명한 메이크업보다는 지속력과 커버력이 있는 파운데이션이 좋은데, 쿨톤의 경우 샤넬(울트라 르 땡)이나 디올(포에버 스킨 글로우)의 핑크베이스가 예쁘게 나와 추천한다.

- 아이섀도의 경우 그레이, 퍼플 계열의 스모키 메이크업도 잘 소화한다. 단, 아이메이크업이 진하면 립스틱은 힘을 빼주는 게 좋다. 전체적으로 음영감을 많이 주기보다는 아이라인이나 쌍커플 라인에 포인트를 주는 메이크업이 잘 어울린다. (디올 백스테이지 아이 팔레트 2호 쿨 뉴트럴, 어뮤즈 아이 비건 쉬어 팔레트 2호 쉬어 핑크)

- 전체를 채워 바르는 풀립이 어울린다. (롬앤 제로 매트 립스틱 14호 스윗피, 샤넬 루쥬 알뤼르 라끄 66호 퍼머넌트)

6

컬러로 누군가의 첫인상을
기억하는가?

"단지 색깔을 알게 된 것뿐인데 삶 자체에 활력이 넘쳐요."

"사람들과 만나는 게 두려웠는데 이제 자신감이 생겼어요."

이런 말을 들으면 뿌듯함을 넘어 가슴이 벅차오른다.

내가 하는 일은 주로 개인을 대상으로 퍼스널 컬러 이미지를 브랜딩하는 것이지만, 결혼정보회사의 의뢰로 고객들의 이미지컨설팅을 책임지기도 한다. 결혼정보회사의 고객들은 대부분 평생을 함께할 반려자를 찾는 사람들이다. 이들에게 가장 중요한 것은 '첫 만남에서 어떻게 하면 상대에게 호감을 어필할 수 있을까'이다. 이때 '남자라면 이렇게, 여자라면 저렇게' 식의 스테레오타입 컨설팅은 하지 않으니만 못하다.

0.1초의 첫인상이 앞으로 여생을 누구와 함께할지 결정하는 놀라운 이유가 되기도 한다. 그렇게 중차대한 미션을 맡고 있는데, 모두에게 나쁘지 않을 전형적인 스타일이란 시장에서 떨이로 팔리는 그저 그런 과일과 다를 바가 없다.

이미지컨설팅은 대상을 두고 먼저 가장 잘 어울릴 퍼스널 컬러를 찾아내어 패션 컬러, 메이크업, 헤어스타일링, 헤어 염색 등을 최적화한다. 그리고 체형의 골격 이미지를 분석해서 패션스타일을 교정해준다. 이것이 이미지컨설팅의 매직이다. 여기에 진화론적이고 생물학적인 일종의 팁을 제공하게 되는데, 이성에게 좀 더 어필하고 호감을 끌어낼 수 있는 MSG 같은 양념이 이에 해당한다.

키도 크고 돈도 많은 30대 남성에게 여자친구가 없었던 이유

30대 중반에 180센티미터가 넘는 키, 유복한 가정환경, 안정적인 직장… 뭐 하나 빠지는 게 없는 남자가 있었다. 왜 아직 여자친구가 없는지 의아할 만큼 괜찮은 사람이었다. 그런데 직접 만나보니 조금은 그 이유를 알 수 있을 것 같았다.

그는 밤낮 없이 일하는 프로그래머라는 직업 특성 때문인지 외모에 그다지 신경 쓰는 타입이 아니었다. 그래서인지 나이들어 보이는 데다 최신 트렌드도 잘 모르고 유머감각도 없는 편이었다. 이제는 칙칙한 솔로 생활을 청산하고 싶다며 용기를 내어 결혼정보회사의 문을 두드렸다 한다. 사랑하는 사람만 만날 수 있다면 자신의 모든 것을 바꿀 수 있다는 의지도 보여주었다.

첫 번째 매칭 여성과의 만남을 앞두고 그가 문자를 보내왔다.

"대표님. 저 좀 살려주세요! 이번 주 토요일로 첫 만남 날짜가 정해졌어요."

머릿속이 백지장처럼 하얘졌다며 어찌할 바를 모르는 초조함이 짧은 문자에도 느껴졌다. 그때만 해도 그는 나에게 결혼정보회사가 제공하는 일회성 이미지컨설팅만 받았던 상태였다. 한 번에 해결하기는 어려운 총체적 난국이었지만 어떻게든 도와주어야겠다는 생각에 컨설팅을 약속했다.

우선 그의 타고난 성향과 라이프스타일을 진단하고, 바라는 이성의 모습을 분석하는 작업에 들어갔다. 이성을 만난 자리에서 음료를 주문하고 대화하는 자세, 말투, 시선 처리, 매너, 대화 소재를 발굴하는 방법 등에 이르는 총체적 컨설팅을 진행했다. 물론 첫 번째 미팅 장소도 심혈을 기울여 선택해주었다. 컨설팅을 받은 대로 그가 행동할 수 있으려면 주변 환경이 최선으로 뒤따라야 하기 때문이다. 실제로 그 장소에서 첫 번째 미팅을 여러 번 리허설하기도 했다.

미팅 날 입고 나갈 옷과 스타일을 추천하자 그는 기다렸다는 듯 하소연을 터트렸다.

"그렇지 않아도 옷장을 열심히 뒤졌는데, 이거다 싶은 옷이 없어서 고민이에요."

그러고는 어렵게 입을 열었다.

"죄송하지만 팽 대표님이 직접 쇼핑하시면서 제 옷을 골라주시면 안 될까요?"

그가 선호하는 패션스타일과 옷장 속의 의류 등을 살펴본 뒤 즉시 퍼스널쇼핑*에 나섰다. 깔끔하고 세련된 비즈니스 캐주얼이 잘 어울린다고 진단하여, 한겨울이던 당시 모직 코트와 이너웨어로 니트, 그레이색의 모직 팬츠를 선택했다.

"대표님, 축하해주세요. 저 처음 나간 미팅에서 여성분에게 애프터를 받았어요!"

먼저 이성에게 데이트 신청을 받았다는 경험 자체가 그에게 자신감을 줄 것이라 확신했다. 다음 데이트는 나중에 생각하더라도 절반의 성공을 함께 축하했다.

물론 처음 만났던 이성과 인연이 지속되지는 않았지만, 그때를 계기로 조금씩 변화를 체험하고 있었다. 이성에게 어필할 수 있다는 자신감을 맛본 상태가 된 것이다. 이후 좋은 인연을 만나 결혼까지 골인했으니 퍼스널 컬러를 통한 이미지브랜딩이 결혼에 도움을 준 것만은 확실하다.

솔로를 탈출하고 싶다며 나를 찾아오는 남녀가 많다. 그들에게 꼭 하는 말이 있다. 단순히 아는 데서 그치지 않고 자신의 것으로 만들면 자신감까지 얻을 수 있는 게 바로 퍼스널 컬러의 매직이라고.

043

● 고객 개인의 퍼스널 컬러와 골격 이미지 분석을 통해 최적의 의류 등을 고객과 함께 구매하는 서비스를 말한다.

$$\binom{7}{}$$

동안 얼굴이
반갑지만은 않은 이들

personal color

'봄 웜톤을 대표하는 여성' 하면 나는 미국의 영화배우 리즈 위더스푼을 제일 먼저 떠올린다. 2001년 개봉한 영화 〈금발이 너무해〉의 주인공 엘 우즈 역을 연기한 밝고 사랑스러운 그녀는 봄 웜톤의 상징과도 같다.

패션 전공으로 학점이 4.0을 넘어 장학금을 받는 엘 우즈는 빛나는 금발과 화려한 패션으로 친구들의 부러움을 사지만, 하버드 법대생들에게는 '바비인형'이라고 조롱을 받는다. 극 중 하버드 강의실과 법정에서 보이는 흑백의 배경 속에 엘 우즈의 화려한 패션과 밝은 금발이 대비를 이루며 톡톡 튀는 주인공이 부각되었다. 쉽게 예상할 수 있듯이 결국 엘 우즈는 사랑도 쟁취하고 하버드 법대생으로 성공도 거둔다.

사랑스런 로맨틱 코미디의 대명사 엘 우즈를 떠올리면서 봄 웜톤의 퍼스널 컬러 이미지를 알아보자. 봄 계절에 해당하는 사람들은 생기발랄하고 화사하며, 특히 동안인 경우가 많다. 오히려 나이보다 어려 보이는 바람에 남들이 만만하게 대한다고 불평하는 경우도 많다. 봄 웜톤은 밝은 헤어가 잘 어울리는데, 대부분 선천적으로 밝은 브라운 빛에 윤기 나는 머리카락을 갖고 있다.

간혹 예외적인 경우에는 염색을 통해 가벼워 보이는 헤어를 연출하면 좋다. 옐로 브라운, 메이플 브라운, 오렌지 브라운 등의 색상으로 헤어를 꾸며보면 훨씬 활기차 보이고 인상도 부드러워진다.

045

봄 웜톤에게 어울리는 스타일링

봄 웜톤에게 어울리는 스타일링을 알아보자. 피부는 특유의 광택감을 살려 글로시하게 메이크업한다. 파운데이션은 얼굴 톤과 비슷한 옐로 베이스를 추천한다. 특히 봄 라이트톤은 투명한 메이크업이 어울리는데, 피치나 코랄 핑크 같은 색조를 이용해 청순하고 화사하게 메이크업하면 좋다.

봄 브라이트는 봄 라이트에 비해 채도가 높고 강렬한 컬러가 잘 어울린다. 코랄, 피치를 기본으로 오렌지 레드나 스칼렛* 컬러로 포인트를

● 밝고 산뜻한 붉은색 계열, 일명 선홍색.

강조하자. 분명 경쾌해 보일 것이다. 블러셔나 글리터를 이용하면 생동감과 화사함이 강조된다.

얼굴에서 가장 포인트를 줄 수 있는 곳은 단연 눈이다. 특히 서양인들은 눈으로 강조하는 의사 표현이 많아 쾌걸 조로처럼 신분을 숨길 때 눈 주변을 가릴 정도이다. 그래서 아이 메이크업을 어떻게 하느냐에 따라 이미지가 극명하게 달라진다.

봄 웜톤은 깊고 풍부한 속눈썹을 연출하면 좋다. 색조 메이크업보다는 볼륨감 있는 속눈썹을 컬링감 있게 올려준다. 속눈썹 펌이나 연장도 매우 효과적인데, 경험상 영양제를 2~3개월 동안 꾸준하게 바르면 확실히 속눈썹이 길어져 풍성해 보이는 효과를 얻을 수 있었다. 숱이 적거나 짧아서 고민이라면 이런 방법을 시도해봐도 좋을 것이다.

내가 봄 웜톤 고객들에게 듣는 가장 많은 하소연은 '동안 이미지를 바꾸고 싶다'였다. 요즘 세상에 거액을 들여서라도 어려 보이고 싶어 하는 많은 사람들을 생각하면 어리둥절하지만, 나름 평생을 봄 계절의 이미지로 살아온 사람들에게는 고민거리인 모양이다. 퍼스널 컬러는 피부색, 눈동자색, 헤어컬러 등 컬러의 영향이 지배적이지만 어울리는 컬러에서 오는 이미지를 무시할 수 없다. 봄 웜톤은 밝고 화사한 컬러가 베스트이다 보니 당연히 이미지도 좀 부드럽고 밝으면서 어려 보이는 경우가 많다.

젊었을 때도 밝고 화사한 컬러보다는 딥한 컬러가 잘 어울려 다소 성숙해 보이는 경우가 많은 가을 웜톤이나 겨울 쿨톤에겐 배부른 고민이지만, 어려 보이는 얼굴 때문에 자신이 가진 능력보다 한층 더 낮추어 본다는 게 봄 웜톤의 고객들이 하는 하소연이다. 아마도 엘 우즈가 금발이라서 조롱받았던 것도 거슬러 올라가면 문화적 배경에서 기인한 것이 아닐까 싶다. 유럽인들은 로마시대 때부터 북쪽의 게르만을 두려워하는 동시에 멸시하는 정서가 강했는데, 특히 게르만의 주요 특징인 금발을 조롱했다고 한다.

아이를 성인이 되기 전 진화하지 못한 미숙한 개체로 간주했던 동양사상과, 성인으로서 인의예지를 학습하고 수련하기를 강조했던 유교적 문화가 만나 '어리다'는 것이 곧 '어리석다'는 이미지를 우리 사회에 고착시켰다. 그래서 생물학적으로 어리지 않더라도 어려 보이는 동안의 이미지가 무능력, 혹은 반사회성을 상징한다는 선입견을 낳았다.

나의 지인 중에는 봄 브라이트톤의 괴짜 변호사가 있다. 하버드 법대의 엘 우즈처럼 그녀가 자신을 변호사라고 소개하지 않는 이상, 여러 명의 엘 우즈 가운데 하나로 보일 정도이다. 그녀의 자유분방한 행동과 패션에서 엘 우즈의 잔상을 떠올릴 수 있다. 요즘에야 나아졌다지만, 보수적인 법조계에서 그녀의 외모와 패션은 화제가 될 수밖에 없었고, 그녀에게도 커다란 용기가 필요했을 것이다.

탱글탱글한 긴 웨이브 헤어를 밝게 염색한 채, 아주 비비드한 컬러로 독보적인 패션을 선보이는 그녀가 엘 우즈와 나란히 법정에 서는 모습을 상상해본다. 속눈썹을 강조한 메이크업까지 하고서 말이다. 봄 윔톤의 그녀와 엘 우즈의 모습을 통해, '나다움'을 지속적으로 추구하고 어필할 줄 아는 사람들이 많아졌으면 하는 바람이다.

봄 윔톤 메이크업
& 스타일링 꿀팁

브라이트 메이크업

브라이트톤은 봄 웜톤 중에서 가장 색감이 비비드하고 화려한 스타일이 어울린다.

- 촉촉하고 광나는 피부 표현이 잘 어울리니 물광, 윤광 피부 표현에 집중해보자. 그러려면 두꺼운 메이크업은 피해야 한다. (퓌 쿠션 글래스, 바비브라운 인텐시브 세럼 파운데이션)

- 코랄, 피치 계열의 채도가 있는 섀도 제품이 잘 어울리며 브라이트톤의 화려함을 살리기 위해서 글리터도 잘 활용하면 좋다. (샤넬 레 베쥬 헬시 글로우 아이섀도, 데이지크 섀도우 팔레트 14호 피치 스퀴즈)

- 글로시한 제형의 립 제품이 잘 어울리고, 컬러감이 따뜻하고 채도가 높은 컬러가 베스트다. (하트퍼센트 도트 온무드 퓨어 글로우 틴트 5호 레드오렌지, 샤넬 루쥬 코코 플래쉬 124호 비브란트)

8

자존감이
올라가는 마법

personal color

전면적으로 변신하기를 바라는 일반인 고객을 위해, 매주 1회씩 5주간의 프로그램으로 구성된 이미지브랜딩 그룹 코칭을 하고 있다. 퍼스널 컬러, 메이크업, 패션, 애티튜드 등에 이르는 커리큘럼으로 진행되어 고객들의 큰 호응을 얻고 있다.

단발성 컨설팅에서는 어려운, 자신에 관한 이야기를 최대한 털어놓을 수 있어 인간적으로 가까워지는 프로그램이다. 5주 동안 변해가는 이미지를 함께 확인하면서 환호하고 축하할 수 있어 힐링 효과도 훌륭하다.

새로운 기수의 이미지브랜딩 코칭 신청자를 받던 무렵, 중학교 시절의 친구에게서 연락이 왔다.

"정은아, 나 너무 나를 방치한 것 같아. 그런데 이제 와 어찌할 방법도 모르겠어."

직장생활, 육아, 시댁 그리고 아이들의 학업… 이 모든 과정이 자신을 잊게 만든 무관심한 방치였다며 스스로에게 말했다. 20여 년이라는 시간이 흐르는 동안 조금씩 늘어난 몸무게는 결국 조금씩 조금씩 옷의 치수를 늘려놓았다. 하지만 커지는 옷 치수에 반비례하듯 점차 작아지는 자신감은 날이 갈수록 아래로 곤두박질쳤다.

더는 자신을 방치하지 않겠다던 친구는 내가 하는 이미지브랜딩 코칭에 참여하게 되었고, 첫 번째 수업이 시작되었다. 각 참가자들이 프로그램에 참여한 이유와 이루고 싶은 목표를 서로 공유하는 시간을 가졌는데, 이야기 도중 친구가 갑자기 크게 울음을 터트렸다. 그녀의 갑작스러운 눈물에 당황도 잠시, 이윽고 너무나 마음이 아파왔다.

"지금까지 회사 다니며 결혼하고 아이 낳고, 출산휴가 때 말고는 쉬어본 적 없이 정말 정신없이 살았는데… 나는 어디 갔나 싶더라고요. 몸은 살찌고 피부는 늙고… 거울에 비친 제 모습이 싫었어요."

친구는 눈물을 삼키며 이야기를 이어갔다. 세상 사람들이 자신을 여성으로 대하지 않는다는 생각에 자존감이 바닥난 사실까지 어렵게 토로했다. 손등으로 눈물을 훔치며 이 수업만큼은 온전히 내게 투자할 수 있는 시간이라 설레고 행복하다면서 이야기를 마쳤다. 자신의 결심을 증명이라도 하듯 친구는 수업과 과제에 굉장히 충실했고 코칭 동료들

050

의 칭찬과 응원 속에 매주 달라지는 모습을 보였다.

1. 매일 운동으로 몸무게 줄이기
2. 퍼스널 컬러 진단 결과대로 메이크업하기
3. 편한 옷보다 체형에 어울리는 옷 입기
4. 어깨를 펴고 바른 자세로 일하고 생활하기
5. 입꼬리를 올리며 환하게 웃는 얼굴을 연습하기
6. 한 달에 한 번 예쁘게 꾸미고 모임에 참석하기

위의 여섯 가지 세부 목표를 세우고 코칭 수업 때마다 성취도를 점검했다. 수강생 모두 서로에게 아낌없는 용기와 격려를 보냈다. 일부러 피해왔던 거울 앞에서 자신의 바뀐 모습을 보며 그녀 또한 환하게 웃었다. 당시 그녀의 이미지 브랜딩을 위한 나의 진단은 단순명료했다. 그녀의 퍼스널 컬러는 여름 쿨톤이었고, 그 진단 결과에 따라 5주 동안 최선을 다해 자신을 업데이트하였다.

핑크톤의 밝은 피부, 자연스러운 블랙이 비치는 머리색, 너무 딥하지 않고 경계가 부드러운 눈동자 컬러, 이 모든 퍼스널 컬러가 여름 쿨톤을 가리켰다. 게다가 드레이핑을 통해 화이트가 많이 섞인 라이트톤이 어울린다는 세부 진단이 더해졌다.

퍼스널 컬러가 승천하는 용의 발톱이라면, 골격 이미지는 피날레를 장식하는 화룡점정이다. 우선 핏이 살도록 깔끔하게 옷을 입어 단단하고 탄력 있는 몸매를 강조했다. 목이 길어 보이도록 브이 네크라인이나 가슴이 많이 파인 라운드 네크라인으로 패션스타일을 바꾸었다. 자신감 없을 때 즐겨 입게 되는 헐렁한 스타일의 옷은 과감히 내던지고 블랙 위주의 어두운 색상과도 이별했다. 화이트나 밝은 파스텔 계열의 상의를 통해 여름 쿨톤 라이트에 맞는 자신의 이미지를 성공적으로 브랜딩한 것이다.

그녀는 이러한 자신감을 기반으로 지금껏 더 많은 시간과 노력을 자신에게 투자하는 삶을 살고 있다. 되찾은 자신감으로 다양한 예술 모임이나 강연 등에서 많은 사람과 교류하고 있다. 타인의 시선 따위에 신경 쓰지 않는 자존감도 그녀가 궁극으로 쟁취한 전리품이다. 변한 것은 분명 외적인 모습인데, 자신감과 자존감을 얻었다. 자신을 소중하게 생각하고 행동하는 에너지가 변화의 바람을 일으킨 것이다.

여름 쿨톤 메이크업
& 스타일링 꿀팁

라이트 메이크업

여름 쿨톤 중 특히 라이트톤은 과하다 싶을 정도로 진한 메이크업을 하면 특유의 부드럽고 깨끗한 이미지를 해칠 수 있다. 다음은 내가 여름 쿨톤 라이트에게 내린 처방이다.

- 색조 화장에 치중하지 말고, 프라이머*를 사용해 은은히 광이 나도록 피부를 강조한다. (헤라 매직스타터 1호 로즈, 샤넬 르 블랑 메이크업 베이스)
- 부드러운 핑크톤의 아이섀도로 눈두덩이를 깨끗하게 정리한다. (로라메르시에 캐시미어)
- 색감을 더하고 싶을 때는 로즈나 퍼플 계열 컬러로 포인트를 준다. (샤넬 레 꺄트르 옹브르 202호 띠쎄 카멜리아)
- 립스틱은 핑크 베이스의 라이트한 컬러를 바른다. (샤넬 루쥬 코코 426호 루지)
- 립스틱을 바르지 않을 때는 립밤을 쓴다. (디올 어딕트 립글로우 1호 핑크)

---

* 모공, 주름 등 얼굴의 매끄럽지 못한 부분을 메워 피부결을 곱고 촉촉하며 윤기 있어 보이도록 해주는 베이스 제품.

9

엄마를 위한
퍼스널 컬러 프로젝트

personal color

"전 평생 남편이 좋아하는 스타일로 옷을 입었어요."

컨설턴트 사이에서는 "패션의 완성은 얼굴, 럭셔리의 끝판왕은 피부"라는 '농반 진반'의 격언이 있다. 중단발의 스트레이트 헤어인 중년 여성 고객에게 머리를 좀 더 길러보라고 권유했다. 50대 초반인 그분은 동년배보다 머리숱이 많아 보였고 모발도 굵은 편이어서 롱 웨이브를 연출하면 생기가 넘쳐흐를 듯했다.

마흔이 넘으면 나이를 체감하게 만드는 이상 징후 중 하나가 퍼석퍼석하게 부실해진 모발이다. 그래서 중년 시기부터는 염색이나 스타일링보다 건강한 모발 관리가 우선이다. 탄력과 숱이 줄어들어 원하는 컬러와 스타일을 소화하기 어려운 처지가 되기 때문이다. 세월의 피로를 견디지 못한 아픔이다.

며칠 후 그 고객과 비슷한 목소리의 젊은 여성이 내게 전화했다. 엄마를 퍼스널 이미지컨설팅 세계로 이끌어준, 고객의 외동딸이었다.

"제가 알던 엄마가 아닌 것 같아요. 더 화려해지고 멋쟁이가 되셨어요!"

대학 졸업 후 부모님께 일을 배운다던 26살의 젊은 아가씨는, 내가 방송하는 유튜브를 보고 퍼스널 이미지 브랜딩 컨설팅을 받았던 고객이었다. 만난 지 한 달 정도 지난 어느 날, 휴대전화 화면에 그녀의 이름이 떴다.

"대표님이 알려주신 대로 헤어와 메이크업 스타일만 바꿨는데, 엄마가 요즘 예뻐졌다고 난리예요. 그래서 엄마도 해드리고 싶어서 연락드렸어요."

내게 컨설팅을 먼저 받은 엄마가 딸을 데려오기도 하지만, 이번처럼 딸이 엄마를 데려오는 경우도 종종 있다. 어느 날 젊은 여성이 단아한 50대 초반의 엄마를 내게 모셔왔다.

그럴 때면 아들만 있는 나는 "우리 엄마도 더 젊어지게 해주세요"라는 사랑스러운 딸의 애교가 한없이 부럽기만 하다. '나도 딸이 있으면 좋겠다'는 찰나의 바람에, 엄마 일에 무심한 아들의 뚱한 얼굴이 겹쳐 떠오른다. 딸보다 세심하고 다정한 아들도 세상에 있기는 하겠지만, 어찌 됐든 아들이 엄마를 위해 컨설팅을 신청하는 경우는 지금껏 없었다.

그녀는 조심스럽게 떨리는 목소리로 자신을 소개했다. 누가 봐도 미인인 얼굴이었다. 깔끔하고 무난한 스타일을 즐긴다고 말했다. 옷을 좋아하지만 이제껏 남편 취향에 맞추었기 때문에 자기 스타일을 잘 모르겠다고 털어놓았다.

"딸이 이곳을 다닌 뒤부터 가르마를 바꾸고 립스틱도 바꾼 것 같아요. 다른 사람이라면 모르고 넘어가겠지만 엄마인 제 눈에는 바로 들어오잖아요. 뭔가 예뻐 보였어요." 그녀는 가느다란 손으로 입을 가리고 수줍게 미소 지으며 덧붙였다. "저도 제 스타일을 찾고 싶어서 왔습니다."

딸이 지켜보는 가운데 본격적인 퍼스널 이미지 분석에 들어갔다. 가을 웜톤에서도 어둡고 화려한 딥톤, 골격 이미지는 내추럴 타입이었다. 지금까지 보수적 성향으로 꽁꽁 감춰두었던 하드웨어가 아까웠다. 남편의 취향을 넘어 과감히 변신할 용기가 있는지 물어보았다. 그녀는 딸과 두 눈을 마주친 후 다시 나의 두 눈을 보았다. 3초도 흐르지 않아 그녀가 말했다.

"대표님, 제 모습을 찾고 싶어요." 나는 이해했다는 뜻으로 눈을 반달 모양으로 접어 미소를 건넸다. 그렇게 우리는 엄마를 위한 프로젝트에 돌입했다.

가을 웜톤은 노란색을 띠는 케라틴이 피부 색소에 많아 피부가 노란 색감으로 비친다. 햇볕에도 잘 타는 편이다. 가을 웜톤은 파운데이션이나 쿠션 등의 베이스를 두껍게 연출해도 과하지 않고 잘 어울려 보인다. 진한 색조 메이크업을 잘 소화하는 스타일이라 볼 수 있다. 그래서 항상 밝고 투명한 메이크업을 고집했다는 그녀에게 화려한 색감을 살려주는 스타일의 메이크업을 추천했다. 그녀 같은 가을 웜톤에게는 풍부한 색감의 메이크업이 돋보이기 때문이다.

섀도, 립스틱, 블러셔는 피치, 코랄, 오렌지, 브라운, 골드 등의 옐로 베이스 컬러를 이용하도록 했다. 레드카펫을 걷는 여배우처럼 풀 메이크업을 해도 어색하지 않을 테고, 컨투어링 메이크업˚도 잘 어울릴 것 같았다.

메이크업에 대한 제안은 그리 어렵지 않았지만 헤어 스타일링은 잠시 고민하지 않을 수 없었다. 과감한 변신도 가능한 타입인지라 욕심이 스멀스멀 올라왔기 때문이다. 층이 진 롱 헤어에 굵은 웨이브의 화려함이 잘 어울리는 스타일이었다. 풍성한 볼륨감까지 넘친다면 더없이 훌륭할 것 같았는데, 일반적인 중년 여성과 달리 길고 풍성한 헤어를 연출할 수 있는 헤어 상태는 축복이라 여기기 때문이다.

"따님과 함께 응원합니다. 새 삶을 만들어보세요."

연신 친절하게 허리를 굽히는 그녀들을 배웅하며 나는 진심 어린 응원을 보냈다.

직업 특성상, 나는 립스틱만 해도 수십 개가 넘는다. 퍼스널 컬러마다 추천하거나 시연하는 데 필요한 제품들이다. 겨울 쿨톤인 내게 어울리는 몇 개를 제외하면 포장만 뜯은 채 그대로 전시 중인 색조 메이크업 제품이 넘쳐난다. 하나뿐인 아들에게 사용하라고 권할 수도 없고, 모자가 나란히 앉아 메이크업이나 패션에 대해 이야기를 나눌 일도 없다.

모녀 고객과 작별한 이후 이래저래 아쉬운 나의 주변에 괜한 서운함이 생긴다. 내게 딸이 있었다면! 아마 우리 딸은 요즘 대세인 퍼스널 컬러에 대해 엄마와 많은 이야기를 나누면서 도움도 받고, 손쉽게 자기 스타일을 찾아내어 친구들에게 마구 우쭐대며 자랑도 할 수 있을 텐데 말

057

˚ 얼굴 윤곽을 살려서 입체적으로 보이도록 이마, 콧대, 광대 등은 하이라이터로 밝게 표현하고 헤어라인, 턱 등은 어둡게 셰이딩하여 음영감을 주는 메이크업.

이다. 게다가 나도 딸이랑 대화하면서 젊은 여성들의 트렌드를 더 빠르게 습득하고 이해하게 될 거라고 생각하니 내 주변에서도 나에게 딸이 없는 것을 안타까워할 정도다. 나도 '진심' 예쁜 딸이 하나 있으면 좋겠다.

가을 웜톤 메이크업
&스타일링 꿀팁

인생을 바꾸는 퍼스널 컬러 이야기

딥 메이크업

가을 웜톤 중 특히 딥톤은 메이크업을 할 때 색조를 올릴수록 더 예뻐지는 타입이 대부분이다. 기본적으로 건강하고 매트한 피부를 가지고 있고 피부에 색소도 많은 스타일이라 색조를 잘 활용하여 화려하면서도 클래식한 이미지를 만들어보자.

- 파운데이션은 얇고 투명한 것보다는 매트하면서 커버력이 있는 것이 좋다. (에스티로더 더블웨어, 에스쁘아 프로 테일러 비 벨벳 커버 쿠션)

- 옐로우 피부톤을 커버하려고 반대되는 핑크베이스 파운데이션을 밝게 쓰기보다는 퍼플 컬러의 프라이머를 사용하면 좋다. (이니스프리 모이스처 실크 베이스 1호 퍼플)

- 섀도의 경우는 음영 메이크업을 기본으로 컬러감을 많이 올려줘도 좋고, 골드펄도 잘 어울린다. (힌스 뉴 뎁스 아이섀도우 팔레트 1호 젠틀 앤 펌, 데이지크 섀도우 팔레트 15호 베이지니트)

- 립은 좀 매트한 제형이 잘 어울린다. (에스쁘아 립스틱 노웨어 벨벳, 디어달리아 카밀라)

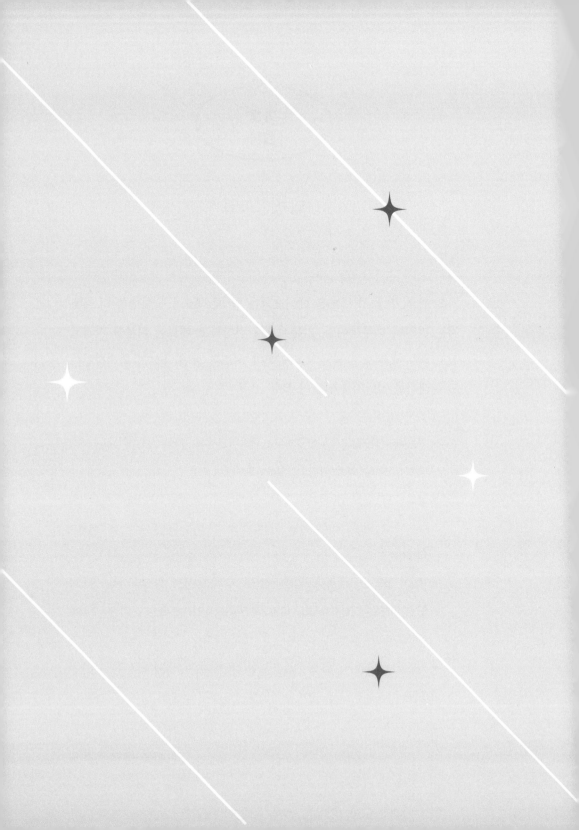

2

personal color

컬러가 당신에게 건네는 이야기

공기처럼 존재하는
색깔들

---

personal color

기분 전환을 위해 헤어나 네일의 색상을 바꾸기도 하지만, 오히려 그것
이 더 스트레스라는 사람들도 있다. 무슨 색으로 하지? 모처럼 하는 건
데 어울리지 않으면 어떡하지? 이만저만 고민이 되는 게 아니다. 잘 어
울리는 컬러를 선택해 제대로 변신한다면 기분 전환도 되고 날아갈 듯
기쁘지만, 컬러가 맘에 들지 않는다면 되레 우울해지고 만다.

이처럼 컬러는 우리의 기분에 매우 큰 영향을 끼칠 뿐만 아니라 우리
주변 어디에나 있으면서 그 존재감을 과시한다. 아침에 일어나 출근을
준비하며 '오늘 무슨 색 옷을 입을까' '립스틱 색은 뭐로 하지' '머리띠는
무슨 색이 어울릴까' '요즘은 양말도 패션이라는데, 흰색이나 검정 말고

컬러풀한 양말을 신고 싶은데 이상하면 어떡하지' '구두랑 운동화는 어떤 걸 신을까' 등등 머리끝에서 발끝까지 색에 대한 고민으로 거울 앞에서 시간을 보낸다. 심지어 길을 걸을 때도 초록 불, 빨간 불 등 매 순간 신호등의 색을 확인해야 한다. 이처럼 색은 우리 삶과 떼려야 뗄 수 없는 관계다.

컬러는 자신을 표현하고, 긍정적인 기운을 불러일으키며, 삶의 질을 높이기 위해 사용할 수 있는 가장 강력한 무기다. 좋아하는 컬러를 가까이하는 것만큼 기분 전환에 쉬운 방법은 없다. 우리는 형형색색의 옷을 언제든 마음만 먹으면 선택해 입을 수 있다. 즉 언제든 원하는 컬러를 선택하고 즐길 수 있는 세상에서 살고 있기에 이렇게 '컬러를 아는 일'은 매우 중요하다. 앞에서 소개한 네 가지 퍼스널 컬러를 이해하기 위해서도 컬러 각각이 품고 있는 이야기와, 그 이야기가 어떻게 우리 일상과 연결되는지를 알아야 한다.

이번 장에서는 우리 생활에 가장 많이 등장하는 컬러인 빨강, 주황, 파랑, 노랑, 초록, 분홍, 보라, 갈색 등 여덟 가지 색, 그리고 무채색인 흰색과 검정을 퍼스널 컬러로 어떻게 사용할 수 있는지 알아볼 것이다. 신비롭고 무한한 컬러의 세계로 들어가 그 이야기에 귀 기울여보자.

빨강,
감정의 에너지를 끌어올리다

personal color

15세기 피렌체의 한 염색업자는 "빨강은 우리가 가진 색 중 첫째가는 색이요, 가장 고귀하고 중요한 색이다"라고 이야기했다. 인류의 역사와 가장 오래 함께해온 색을 묻는다면 단연 빨강을 들 수 있다. 선사시대 동굴벽화나 장식에서도 빨강을 찾아볼 수 있다. 검정, 하양과 더불어 고유의 이름을 갖게 된 최초의 색이 바로 빨강 아니었을까.

건강한 삶과 행복한 에너지를 만들어주는 색으로 알려져 있는 빨강은, 이 색을 보는 순간 그 강렬함에 심장 박동수가 높아지기도 한다. 빨강은 생동, 환희, 사랑, 열정, 의욕 등을 상징하며, 우리 삶의 적극성이나 관심을 불러일으키는 대표적인 컬러다. 가령 스포츠 경기에서 빨간색 유니폼을 입은 팀이 유리하다는 설도 있는데, 우리나라 축구대표팀의 빨강 유니폼과 붉은악마의 물결을 떠올려보면 고개가 끄덕여진다.

빨강은 피의 색이라고도 불려서인지 희생, 폭력, 전쟁과 관련이 있다. 로마 신화에서 빨강은 전쟁의 신 마르스의 색이다. 로마 군사는 빨간 튜닉, 장군은 다홍색 망토를 입었고, 전투에서 이기면 온몸을 빨강으로 칠해 승리를 축하했다. 빨강은 혁명의 색이기도 하다. 붉은 깃발 아래 민중이 단결하여 모이기도 하고, 중국 문화혁명 때 천안문 앞 시위에도 군중들이 붉은 기를 들고 일제히 투쟁하였다.

그러나 여성에게 빨강이 항상 긍정적인 색은 아니었다. 너새니얼 호손의 소설 《주홍글씨》에서 주홍 혹은 빨강은 잘못을 저지른 사람을 가리키는 색으로 표현된다. 그림 형제의 동화 《빨간 모자》는 빨간 망토 차림의 여자아이가 할머니 옷을 입고 변장한 늑대에게 속아서 침대로 다가갔다가 잡아먹히는 이야기이다.

동화 《빨간 구두》를 쓴 안데르센은 빨강을 허영의 이미지로 표상하였다. 농부의 딸 카렌은 부유한 노부인의 경고를 무시하고 허영에 빠져 빨간 구두를 산다. 구두를 신자마자 자신의 의지와 상관없이 계속 춤을 추게 되고, 결국 춤을 멈추기 위해 두 발을 잘라야만 했다. 빨강에 허영, 죄, 유혹 등의 이미지를 담은 것이다.

그런가 하면 빨강을 자비, 사랑, 풍요 등 긍정의 이미지로 볼 때도 많다. 유럽에서는 연초에 빨간 봉투와 카드에 사랑의 메시지를 담아 보내기도 하고, 중국에서는 설날이 되면 붉은색 봉투에 세뱃돈을 담아 건네거나 붉은색 복주머니를 만들어 복을 비는 풍습이 있다. 환대의 의미도 있다. 왕실, 오페라, 호텔, 시상식에 레드카펫을 까는 이유가 그것인데,

영어에서는 '정중한 대우'를 뜻하는 말을 'red carpet treatment'로 표현한다.

그래서인지 빨강을 선호하는 사람들은 적극성, 열정, 자존감, 추진력, 외향성을 보인다. 일할 때도 적극적이며 '모 아니면 도' 식으로 일단 행동에 나선다. "고!"를 외치고 돌진했다가 아니다 싶으면 바로 포기한다. 때때로 직설적으로 말하며 분노를 거침없이 표출하는 성향이 있어 상대방에게 상처를 주기도 한다.

그러다 보니 빨강을 정열의 색, 화려한 색, 혼자 돋보이는 색이라고만 생각하기 쉽지만, 빨강만큼 다른 색과 섬세하게 조화를 이루는 색이 또 없다. 게다가 빨강은 화끈한 성격의 사람에게만 어울리는 색이 아닌, 모두에게 어울리는 색이다. 빨갛다고 다 같은 빨강은 아니기 때문이다.

자신의 퍼스널 컬러를 알고 내게 어울리는 빨강을 찾아낸다면 그동안 "내게 어울리지 않는 색이야" "빨간 옷은 너무 튀어서 입기 좀 그래" 하며 꺼리던 사람들도 옷장에 빨간색 옷을 자신 있게 걸어놓을 수 있다.

열정과 활력을 보여주는 가장 좋은 색이다 보니 중요한 날이나 내가 주인공이 되어야 하는 날이면 빨강을 선택하는 경우가 많다. 여성은 기분 전환이 필요할 때 레드 립스틱을 바르기도 하고, 남성은 타인에게 어필하고 싶은 날에 빨강 넥타이를 매기도 한다. 시상식 드레스로 빨강이 많이 선택되는 것도 그 이유이다.

레드 립스틱만큼 피부색에 영향을 받는 컬러도 없다. 친구가 바른 레드 립스틱이 예뻐 보이거나, 이번 시즌의 유행 컬러라는 점원의 권유에 덥석 레드 립스틱을 구매한 경험이 많이들 있을 것이다. 그럴 때 막상 발라보면 유난히 촌스럽게 느껴지거나 입술만 동동 떠다니는 느낌을 받는다고 하소연하는 분들이 많다. 이유는 이제 말하지 않아도 짐작이 가능할 것이다. 단순히 빨간색이 안 어울려서라기보다는, 빨강에도 다양한 톤들이 존재하기에 그중 나와 맞지 않은 톤의 빨강을 선택했기 때문이다.

아래의 여러 빨강을 보고 웜톤과 쿨톤을 구분해보자.

봄 웜톤의 퍼스널 컬러라면 잘 익은 토마토처럼 노란빛이 도는 생동감 있는 빨강이 잘 어울린다. 빨강 중에서도 활력과 젊음을 가장 잘 보여주는 색이 봄 웜톤의 빨강이다. 레드 립스틱이라면 광택이 반짝반짝 빛나며 화사한 컬러가 봄 웜톤에게 잘 어울린다.

여름 쿨톤은 은은하고 부드러운 컬러가 베스트이기에 강렬한 레드는 다소 어울리지 않을 수 있다. 특히 쿨톤은 노랑, 빨강 같은 난색(따뜻한 색)보다는 파랑, 핑크 등의 한색(차가운 색)이 잘 어울린다. 그래서 여름 쿨톤에게는 물을 많이 머금은 수박색 같은 맑은 빨강이 좋다.

▲ 웜톤의 빨강

▲ 쿨톤의 빨강

▲ 봄 웜톤

▲ 여름 쿨톤

069

▲ 가을 웜톤

▲ 겨울 쿨톤

가을 웜톤에게는 딥하고 화려한 레드가 잘 어울린다. 톤 다운된 레드에 주황이 한 방울 들어간 컬러, 혹은 그윽하고 깊이 있는 브릭 레드가 좋겠다. 가을 웜톤이 레드 립스틱을 바른다면 매트하고 부드러운 컬러가 가장 잘 어울린다.

겨울 쿨톤의 레드는 장밋빛이라고 생각하면 이해가 쉽다. 우리가 생각하는 레드에 검은 잉크를 한 방울 섞은 검붉은 와인 레드나 플럼이 섞여 푸른 기미가 보이는 빨강이다. 겨울 쿨톤에게는 강렬한 레드가 잘 어울리는 경우가 많다.

레드
립스틱

나에게 어울리는 색을 찾아보자

각 계절에 어울리는 레드 립스틱 컬러를 제안하고자 한다. 물론 메이크 업 제품은 피부 타입, 이목구비, 광택감 등을 종합적으로 고려해야 하프 로 아래 그림의 컬러감만 참고하자.

▲ 봄 웜톤
밝은 오렌지빛이 도는
레드 (맥 맹그로브)

▲ 여름 쿨톤
물을 많이 머금은
레드(맥 맥 레드)

▲ 가을 웜톤
브릭 레드 빛깔의 레드
(맥 디보티드 투 칠리)

▲ 겨울 쿨톤
푸른 기미가 보이는
레드(맥 루비우)

$$\textbf{3}$$

주황,
오로지 웜톤만 존재하는 색

personal color

'주황' 하면 어떤 이미지가 먼저 떠오르는가? 비타민 C를 가득 품은 상큼한 오렌지, 황홀한 주홍빛의 석양, 오렌지 군단이라 불리는 네덜란드 축구팀의 유니폼 등… 주황은 빨강만큼이나 강렬한 색이며, 사람들의 이목을 집중시키는 색이다.

적극적이며 강렬한 에너지를 뿜는 빨강, 봄을 연상시키는 밝고 명랑한 노랑, 그 사이에 위치한 주황은 따뜻한 색의 대표 주자이다. 빨강과 노랑을 섞어 만든 주황은 비교적 최근에야 독립적인 색의 물감으로 등장했다. 그래서인지 16세기 전까지 영어에서는 주황색을 가리키는 명칭이 없었다. 이후 16세기 초창기 무역업자들이 유럽에 오렌지라는 과일을 소개하면서 주황의 영어 이름이 오렌지orange가 되었다.

주황은 멀리서도 잘 보이는 색이어서 찻길의 안전선을 만들 때 쓰는 고깔 모양의 칼라콘, 공사장의 차단막 등에 사용된다. 환경미화원이나 공사 현장 근무자들, 우주비행사의 복장도 주황이다. 미국 교도소의 죄수복도 주황색인데 그만큼 눈에 잘 띄어서 통제 및 탈옥을 방지하는 데 효과적이기 때문이다.

주황을 좋아하는 사람들은 대체로 활동적이고 건강하며 개방적이다. "오렌지가 춤춘다"라는 시 구절을 쓴 독일 시인 라이너 마리아 릴케의 표현처럼 주황은 자유분방하면서도 경쾌하여 축제의 즐거움과 충만함을 느끼게 해준다.

평소 주황을 과하게 사용하거나 주황색 옷만 입는 사람들은 자극적인 것에 대한 욕구가 크다는 평가를 받는다. 주황을 좋아하는 사람은 대인관계가 좋고, 타인과 의견을 잘 조율하는 편이며 예의 바르고 명랑한 성격인 경우가 많아 주변에서도 인기가 많다. 반면에 오직 자기만 남들에게 인정받거나 주목받기 원하는 특징이 있어, 자기 아닌 타인이 관심의 대상이 되는 상황을 좋아하지 않는다.

주황색 꽃들은 대부분 화려하며 늦봄부터 여름철에 핀다. 능소화, 털중나리, 금관화, 튤립, 달리아, 칼라 릴리, 심비디움, 캄파눌라, 군자란, 나리, 오렌지 트럼펫 등이 화려한 주황빛을 뽐낸다.

앙리 마티스, 모리스 드 블라맹크, 앙드레 드랭 등 젊은 야수파 화가들은 원색을 과감하게 사용했다. 인

▲ 〈춤〉, 앙리 마티스

상파 화가들도 잘 사용하지 않았던 주황을 대담하게 전면에 내세운 것이다. 작품 〈춤〉과 〈음악〉에서 인물을 주황색으로 그린 앙리 마티스는 행복을 표현할 때 주황을 사용했다. 특히 이 두 작품의 배경은 파란색이다. 색 스펙트럼에서 보색인 주황과 파랑의 대비는 보는 이들에게 즉각적인 반응을 일으키며 주목도가 높아 영화나 광고에서 많이 쓰인다.

퍼스널 컬러를 강의할 때 처음 하는 얘기 중 하나는 옐로의 베이스는 웜톤, 블루의 베이스는 쿨톤이라는 것이다. 이렇게 말하면 간혹 노랑은 다 웜톤, 블루는 다 쿨톤이라고 오해하기도 한다. 노랑도 웜톤의 노랑과 쿨톤의 노랑이 있고 파랑에도 웜톤과 쿨톤이 있는데, 유일하게 웜톤만 있는 컬러가 있으니 그것이 바로 주황이다.

Orange

▲ 웜톤의 주황

상상해보라. 블루가 포함된 주황색이 있을까? 아무리 찾으려 해도 찾을 수 없을 것이다. 주황은 온전히 따뜻한 옐로만 머금고 있는 웜톤의 핵심 컬러이니까.

퍼스널 컬러에 관심을 둔 여성들이 컨설팅에 와서 많이 하는 이야기가 있다.

"저는 분명 웜톤이라고 생각했는데 오렌지 립스틱이 안 어울려요."

"전 오렌지 컬러를 참 좋아하는데 쿨톤이라서 쓸 수가 없어요."

웜톤 중에서 오렌지가 유난히 잘 어울리는 사람은 봄의 브라이트 톤, 가을에서도 고채도나 중명도가 어울리는 경우이다. 봄의 라이트 혹은 가을의 뮤트나 딥톤은 채도가 낮은 부드러운 컬러가 잘 맞기 때문에 오렌지는 상대적으로 덜 어울린다.

고채도의 비비드 컬러가 어울리는 웜톤이라면 밝고 화려한 컬러로 주목받고 싶은 날 오렌지나 오렌지레드 립스틱을 발라보자. 강렬한 레드보다는 친근해 보이지만, 부드럽고 여리여리한 코랄보다 오렌지 컬러가 더 효과적으로 어필할 수 있다. 물론 밝음과 화려함은 당연히 뒤따른다.

쿨톤이라면 상의나 립스틱, 헤어컬러에서는 주황색을 피하는 편이 좋다. 얼굴 가까이에 어울리지 않는 컬러가 있으면 피부 톤이 칙칙해지고 주름 및 색소 등의 단점들이 부각되기 때문이다. 쿨톤인데 주황색을 쓰고 싶다면 가방, 신발, 액세서리 등 얼굴과 떨어진 부위에서 주황색을 활용하면 좋다.

봄 웜톤 & 가을 웜톤
패션 완전 정복

노랑,
봄을 부르다

personal color

노란색은 보는 순간 눈이 즐거워진다. 상큼한 레몬, 풍미와 따뜻함이 느껴지는 머스터드, 달걀의 또렷한 노른자… 봄을 제일 먼저 알리는 색도 노랑이다. 따스한 봄바람에 노란 개나리, 노란 산수유가 피기 시작하면 백화점에도 화사한 노란색 의상이 걸리기 시작한다. 이처럼 활기를 불러일으키며 따뜻한 기운을 머금고 있는 노랑은 기쁨, 행복, 에너지가 느껴지는 색이다.

일차원 색인 노랑은 CMYK 인쇄에서 매우 중요하다. 다른 색상과 섞어서 만들 수 없는 색이지만, 반면 다른 색과 섞이면 갈색, 주황, 녹색 등으로 쉽게 변신하는 것이 노랑이다. 노랑은 긍정과 부정의 의미를 다 가

▲〈유다의 입맞춤〉, 조토 디 본도네

지고 있는데, 긍정적으로는 땅, 중앙, 권위를 의미하며 중국에서는 권위를 상징하는 황제의 색으로 불리기도 한다. 귀하고 중요한 부분을 '노른자'라고 표현하고, 희망을 말할 때 노란색 이미지를 활용하는 경우가 많다.

반면 부정적인 이미지로도 사용되는데, 불신과 거짓, 질투와 의심, 위험과 경고를 뜻한다. 연극과 회화에서 노랑은 위선과 기만, 죄악의 색으로 이단자, 암살자, 위조범 등을 묘사하는 데 쓰인다. 프랑스에서는 반역자와 범죄자의 집 대문을 노란색으로 칠해 불명예로 낙인찍었다. 스페인에서는 사형을 선고받은 이들에게 노란색 옷을 입혔다.

현대 사회에서 노랑은 위험과 경고를 알리는 색으로도 사용된다. 스포츠 경기에 쓰이는 옐로카드, 어린이 보호구역 표지, 어린이 통학버스 등이 있다. 주목도가 높고 식욕을 불러일으키는 색이어서 식당에서도 많이 쓰인다. 노랑이 지닌 긍정적 이미지 때문에 현대사회에서 기업 로고나 이모티콘에도 노랑이 많이 활용된다. 스마일 이모티콘이나 맥도날드, 이마트, 카카오의 로고 등이 좋은 사례이다.

언어에서 노랑은 어떻게 쓰이고 있을까? 대체로 부정적 표현에 '노랑'이 들어간다. 영미권에서는 겁이 많은 사람을 'yellow'로 표현한다. 프랑스인들은 불안한 웃음을 '노란 웃음'이라 하고, 프랑스와 포르투갈에서는 정신병원을 '노란 집'이라고 부른다. 아름다운 금발을 'yellow hair'라고 하지 않고 'blond hair'라고 부르는 이유도 노랑의 부정적 의미를 피하기 위해서이다.

우리나라에서도 가망 없는 부정적 상황을 "하늘이 노랗다"라고 표현하거나 됨됨이가 나쁜 사람을 "싹수가 노랗다"고 비난하고, 특히 속이 좁고 인색한 사람을 '노랑이'라고 낮잡아 부르는 것에서 노랑의 부정적 이미지를 엿볼 수 있다.

노란색을 사랑한 화가로 빈센트 반 고흐를 떠올리지 않을 수 없다. 대표작인 〈해바라기〉를 비롯한 그의 그림에는 유독 노란색이 많이 쓰였는데, 태양이나 빛, 밀밭, 비옥한 땅, 따뜻한 기운 등을 노란색으로 표현하는 등 그는 노랑에 거의 집착하다시피 했다. 더 강렬한 노란색을 그리기

▲ 〈해바라기〉, 빈센트 반 고흐

위해 모든 사물이 노랗게 보이는 황시증의 원인이 된다는 독주인 압생트, 그리고 산토닌을 즐겨 마셨다고 한다.

퍼스널 컬러에서 노란색은 따뜻한 느낌을 주는 웜톤의 베이스 색으로서, 어떤 색에 노랑을 더하면 따뜻한 계열의 색이 만들어진다. 앞서 언급했던 나의 노랑 재킷 이야기에서 보듯이, 같은 노랑이라도 퍼스널 컬러에 따라 어울리는 색이 따로 있다. 난색 계열인 노랑은 아무래도 웜

▲ 봄 웜톤

▲ 여름 쿨톤

081

▲ 가을 웜톤

▲ 겨울 쿨톤

Yellow

▲ 웜톤의 노랑

▲ 쿨톤의 노랑

톤에게 잘 어울리지만 쿨톤도 충분히 노랑을 활용할 수 있다.

여기서 알아둘 것은 따뜻한 느낌의 노랑은 엄연한 난색이지만 무조건 웜톤은 아니라는 점이다. 옐로 베이스가 웜톤, 블루 베이스가 쿨톤이라고 하니 노랑은 무조건 웜톤, 블루는 다 쿨톤이라고 생각하기 마련이다. 그러나 각각의 컬러에 웜톤과 쿨톤이 동시에 존재할 수 있음을 알아야 한다.

봄 웜톤은 개나리 색처럼 생동감 있고 화사한 노랑, 여름 쿨톤은 화이트가 많이 섞인 파스텔 컬러의 노랑, 가을 웜톤은 채도가 높고 딥한 황갈색이 들어간 노랑, 겨울 쿨톤은 레몬 옐로의 파리한 느낌이 있는 노랑이 대표적이다.

매년 봄 시즌 디자이너들이 선보인 다양한 노란색 의상들을 통해 노랑의 톤도 천차만별임을 알 수 있다. '나는 노랑이 참 안 어울려'가 아니라 나에게 맞는 컬러를 찾아 패션 컬러로 사용한다면 노랑을 훨씬 다양하게 활용하고 옷 입는 재미도 느낄 수 있다.

　퍼스널 컬러는 어울리는 색깔만 권장하기 때문에 컬러를 쓰는 데 제한을 받는다고 생각할 수도 있지만, 퍼스널 컬러를 제대로 알고 사용한다면 오히려 자신에게 어울리는 컬러를 다채롭게 경험하도록 이끈다. 나에게 어울리는 노랑을 찾아 나만의 이미지를 완성해보자.

희망찬 컬러, 옐로의
스타일링 & 인테리어

083

5

초록,
고요함과 안전함을 선사하다

personal color

잠시 창밖을 바라봐도 금세 눈에 들어오는 초록은 우리가 일상에서 쉽게 접할 수 있는 대표적 컬러다. 영어로 'green'은 앵글로색슨어 'grown'에서 유래했는데, '자라다'는 뜻을 가진 것만 보아도 곧장 풀과 나무가 연상된다. 노란빛이 도는 연두색에서 안정감을 주는 어두운 녹색까지, 부드러운 올리브 계열에서 에메랄드빛의 녹색까지, 이처럼 초록은 선택의 범위가 아주 넓다.

초록은 고요함, 안전, 평화, 위로 등의 의미를 지닌 색이다. 코로나 19가 영국을 휩쓸자 "영국은 승리할 것이다"라는 메시지를 전하기 위해 카메라 앞에 선 엘리자베스 여왕이 입은 의상이 초록 드레스였다. 여왕은 드레스에 터키석 브로치를 달았는데, 터키석은 승리를, 드레스 컬러인 초록은 안정과 위생이라는 메시지를 담고 있다. 중동 문화권에서 초록은 물이자 생명, 평화를 상징한다. 물이 귀한 중동 국가의 국기에 초록색이 많이 등장하는 이유이다. 무함마드 역시 녹색 터번을 둘렀다.

그러나 초록이 항상 긍정적인 의미로 사용되지는 않는다. 대자연이 주는 공포심을 표현하는 색이기도 하니 말이다. 헐크, 슈렉, 프랑켄슈타인은 영화에서 초록 괴물로 등장하고, 미국 드라마 〈브이V〉에 등장하는 외계인의 피는 녹색이었다. 특히 기독교 국가에서 초록은 이교도와 연관되어 있는데, 신성하고 용감한 빨간색 계열과는 대조적으로 악마를 가리킬 때 초록을 사용했다.

▲ 아랍에미리트 국기

▲ 사우디아라비아 국기

▲ 요르단 국기

▲ 레바논 국기

초록은 어두운 상황에서 가장 잘 인식되는 색이어서 화재나 지진 등 갑작스러운 사고가 났을 때 급히 대피할 수 있도록 특별히 마련한 출입구, 즉 비상구의 색으로도 쓰인다. 건물의 계단을 잘 살펴보면 알 수 있다. '비상구' 'emergency'의 글씨는 대부분 초록색으로 쓰여 있지 않던가. 색을 느끼는 막의 시세포는 간상체와 추상체라는 두 세포로 구성되어 있다. 어두운 곳에서는 간상체가 흥분해 빛을 느끼고, 밝은 곳에서는

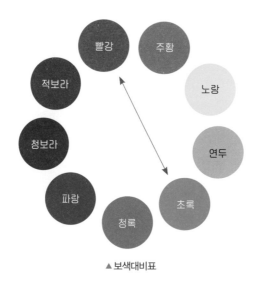

▲ 보색대비표

추상체가 빛을 감지한다. 이때 어두운 데서 반응하는 간상체가 가장 잘 받아들이는 색이 바로 녹색광이기 때문에 '비상구' 같은 글자가 초록색으로 장식된 것이다.

전 세계에 신드롬을 일으켰던 넷플릭스 드라마 〈오징어 게임〉에도 초록색이 등장한다. 드라마 러닝 타임 6시간 동안 초록색 옷이 눈길을 사로잡는다. 456억 원이 걸린 오징어 게임에 참가한 사람 모두 초록색 운동복을 입고 있다. 목숨을 건 게임을 하는 이들이 왜 다들 초록색 옷을 입었을까? 이는 초록 식물인 민트와 관련 있다. 허브로 알려진 민트에는 '화폐'라는 뜻도 있는데, 가령 mint museum(화폐 박물관), mint gallery(화폐 전시관) 등으로 쓰이는 것을 보면 민트가 돈을 의미하는 것을 알 수 있다. 또한 초록의 보색이 빨강이니 피의 붉은색이 더 적나라하게 보이는 효과도 있었을 것이다.

▲봄 웜톤

▲여름 쿨톤

087

▲가을 웜톤

▲겨울 쿨톤

Green

▲ 웜톤의 초록

▲ 쿨톤의 초록

퍼스널 컬러에서 초록은 중성색이다. 난색에도 한색에도 속하지 않는 보라와 초록 계열이 이러한 중성색에 속한다. 퍼스널 컬러를 진단했을 때 중성색인 초록이 베스트 컬러로 나오는 경우는 많지 않다. 아무래도 한색이 잘 어울리는 쿨톤에게 초록은 노란 기운이 올라오고, 난색이 잘 어울리는 웜톤에게는 푸른 기운이 올라오기 때문이 아닐까. 그럼에도 불구하고 평화와 자연을 나타내는 안정적인 색이기에 많은 이들이 초록을 좋아한다.

봄 웜톤은 새순의 연둣빛이 어울리는데, 4~5월 새로 올라오는 연하고 싱그러운 나뭇잎 컬러가 봄 웜톤의 초록이다. 여름 쿨톤에겐 좀 더 맑은 느낌이 들어가고, 노란 기운은 없는 민트나 옥색의 초록이 잘 어울린다.

가을 웜톤의 초록은 야상 재킷의 컬러다. 우리나라 여성들이 간절기에 많이 입는 옷이 야상 재킷인데 가을 웜톤이 아닌 사람이 입으면 칙칙해 보일 수 있으니 자신에게 어울리는 초록을 찾아 입으면 좋다. 겨울 쿨톤은 '피콕 그린'이라는 진한 청록의 공작새 컬러가 잘 어울린다. 겨울 쿨톤인 내가 가장 좋아하는 초록이기도 하다.

여름 쿨톤 & 겨울 쿨톤
가을에 뭐 입지? 패션 추천

6

파랑,
한국인이 열광하는 이유는?

자연의 색을 말할 때 가장 쉽게 떠오르는 색이 초록과 파랑이다. 파란 하늘, 파란 바다. 상쾌함과 청량감, 깨끗함을 말할 때 등장하는 파랑은 청춘, 희망, 신뢰, 젊음, 평화, 믿음 등 긍정적 이미지가 가득하다. 하지만 다른 컬러들과 마찬가지로 슬픔, 고독, 우울, 불안, 차가움, 냉정함 같은 부정적 이미지도 동시에 담고 있다.

슬픔, 고독, 시련과의 연관성에도 불구하고 파랑은 한국인들이 가장 좋아하는 색이라고 한다. 우리뿐 아니라 몇몇 문화권에서 진행한 색 선호도 조사에서도 파랑은 가장 좋아하는 색으로 꼽혔다. 2017년 갤럽 조사에 따르면 국내 응답자 수 355명 중 파랑 16.9퍼센트, 초록 11.3퍼센

▲ 고대 이집트 벽화

트, 보라 11.3퍼센트, 남색 9.9퍼센트로 파랑이 제일 높았다. 이유를 정확히 알 수는 없지만 바다, 호수, 강, 하늘 같은 자연을 좋아하는 한국인의 세계관 때문이 아닐까 추측해본다.

파랑은 고대 이집트의 작품에서 오래된 흔적을 찾아볼 수 있다. 기원전 2200년경 이집트인들은 '이집트 파랑Egyptian blue'을 벽화나 조각품에 사용하였다.

중세 시절 푸른색의 최고봉은 '울트라마린ultramarine'이었다. 아프가니스탄 산악 지대에서 채굴한 라피스 라즐리Lapis Lazuli라는 청금석으로 만든 안료로 금보다 귀하게 여겨졌다 하는데, 엄청나게 비쌌기 때문에 이탈리아의 예술가들은 성모 마리아 같은 종교적 대상을 그릴 때만 울트라마린을 사용했다. 라파엘로나 레오나르도 다 빈치도 이 안료를 구하지 못해 아껴 사용했다고 한다. 〈진주 귀걸이를 한 소녀〉로 유명한 요

▲〈진주 귀걸이를 한 소녀〉, 요하네스 베르메르

하네스 베르메르는 소녀의 머리띠를 표현하는 데 이 안료를 사용한 나머지, 엄청난 빚을 지게 되었다고 한다.

값비싼 울트라마린을 대체하기 위해 많은 염료제작자와 화학자들이 노력을 아끼지 않았다. 그러던 중 1826년 프랑스의 화학자 장 밥티스트 기메가 '프렌치 울트라마린French Ultramarine'이라는 합성 안료를 발명하고 나서야 가격이 하락했다. 울트라마린은 오늘날에도 권력을 나타내는 주요 상징으로 통하며, 바실리 칸딘스키나 이브 클랭은 이 안료로 멋진 그림을 그렸다. 이브 클랭은 1960년 'IBK'라는 이름으로 이 울트라마린 색의 특허까지 받아냈다.

파랑색의 용도는 잉크에서도 확인할 수 있다. CMYK 색상 모델의 첫 번째인 C, 즉 시안cyan은 노랑(Y, yellow), 마젠타(M, magenta), 검정(K, black)과 더불어 디자인에서 매우 중요하다. 크기와 간격, 색이 다른 미

▲봄 웜톤

▲여름 쿨톤

▲가을 웜톤

▲겨울 쿨톤

Blue

▲ 웜톤의 파랑

▲ 쿨톤의 파랑

세한 점으로 사실상 무한한 색을 만들어내는 망점 기술은 CMYK 인쇄의 기본이다. 감산혼합법에 따라 색을 계속 섞으면 결국 흑색이 되기 때문에 디자이너들은 작업 시 순수한 시안, 마젠타, 노랑을 쓴다. 그래야 인쇄물에서 선명한 색상을 구현할 수 있다.

퍼스널 컬러에서 파랑은 쿨톤의 베이스 컬러이다. 여름 쿨톤, 겨울 쿨톤은 기본적으로 파랑의 푸름을 품고 있으며, 봄 웜톤과 가을 웜톤의 파랑에는 노란색 물감 한 방울이 들어 있다고 보면 된다.

앞에서 한국인이 가장 좋아하는 컬러가 파랑이라고 했는데, 실제로 컨설팅을 받기 전 좋아하는 컬러를 묻는 항목에 대부분의 남성이 파랑이라고 답한다. 파랑이 주는 신뢰감과 침착함, 청량한 이미지 때문이기도 하지만, 컬러를 다양하게 인지하고 사용하지 않았던 터라 그냥 '파랑=남성의 색'이라 여기는 분위기가 생긴 듯하다.

파랑에도 다양한 종류가 있고, 그중에서 본인의 퍼스널 컬러에 맞는 파랑을 찾을 수 있다. 컬러 이미지를 잘 활용하면 의외로 어울리는 파랑을 찾는 일이 쉽다.

앞의 의상에서도 확인할 수 있듯이 봄 웜톤의 파랑은 부드럽고 맑지만 따뜻하며, 여름 쿨톤의 파랑은 청량하고 깨끗한 느낌이다. 가을 웜톤의 파랑은 거센 파도의 묵직하고 어두운 느낌을 주면서도 부드럽다. 겨울 쿨톤의 파랑은 쨍한 겨울 하늘처럼 선명한 채도에 화려하고 강렬한 느낌이다.

Tip

블루 셔츠

남성복 코디 추천

아래는 톤과 상관없이 많은 남성들이 좋아하는 파랑을 퍼스널 컬러에 맞게 구분해 보았다. 퍼스널 컬러가 쿨톤이라고 진단되면 무조건 블루를 입는 남자들이 있는데, 아래 이미지를 참고하여 웜 블루와 쿨 블루를 제대로 구분할 수 있다면 퍼스널 컬러에 맞게 옷 입기가 훨씬 수월하다.

▲ 봄 웜톤   ▲ 여름 쿨톤

▲ 가을 웜톤   ▲ 겨울 쿨톤

7

분홍,
오드리 햅번이 사랑한 드레스

그리스의 시인 호메로스는 분홍빛의 로즈를 '아침의 빛을 닮은 색'이라고 정의했다. 분홍 즉 핑크는 연한 빨강으로 인식되었을 뿐 지금처럼 핑크, 분홍 등의 이름을 갖고 있지 않았다. 핑크pink라는 단어가 사용된 것은 17세기로 알려져 있다.

프랑스에서는 이 색을 '로즈rose' 또는 '로즈 퐁파두르rose Pompadour'라고 불렀다. 루이 15세의 애첩인 퐁파두르 후작부인이 이 색을 유난히 사랑했다는 말이 전해지는데, 프랑스의 도자기 회사 세브르는 퐁파두르 부인에게 존경을 표하기 위해 새로 만든 연한 빨간색에 '로즈 퐁파두르'라는 이름을 붙였다. 프랑스를 비롯한 유럽의 여러 나라에서는 분홍을 로즈와 관련지어 불렀다. 분홍은 스페인어, 독일어, 이탈리아어, 노르웨이어, 스웨덴어, 포르투칼어로는 'rosa', 네덜란드어로는 'roze', 루마니아어로는 'roz'라 부른다.

분홍의 영어명 'pink'는 원래 주름 장식이 있는 가장자리를 부르는 용어이기도 했다. 종이나 천을 지그재그로 자르는 가위를 '핑킹 가위pinking shears'라고 하는 이유이다. 연한 빨강 패랭이꽃이나 카네이션은 끄트머리를 핑킹가위로 다듬은 듯 보이는 꽃잎 때문에 '분홍'으로 알려졌으며, 이 말이 정착화되며 연한 빨강은 분홍, 핑크라는 이름으로 바뀌었다.

근래에는 분홍을 여성을 상징하는 색으로 인식하지만, 과거 영국에서는 어린 소년에게 핑크색 옷을 입히거나 핑크색 리본을 달아주었다고 한다. 20세기 초반 미국에서는 막대한 부를 이룬 남자들이 분홍색을 선택하는 경우가 많았으며, 최고의 복서로 평가받는 슈거 레이 로빈슨은 1946년 세계 타이틀을 거머쥔 후 곧바로 핑크 캐딜락을 구입했다.

제2차 세계대전이 끝나고 광고업자들은 어두운 종전 분위기를 전환하기 위해 분홍색을 활용하기 시작했다. 1950년대 미국은 분홍의 시대라고 할 수 있을 정도였다. 텔레비전을 켜면 분홍 옷, 분홍 차, 분홍 머리가 쉴 새 없이 등장했다. 과거와 달라진 것은 드디어 전형적인 소녀와 여성을 위한 색으로 분홍의 역할이 바뀌었다는 점이다.

영부인인 재클린 케네디와 매미 아이젠하워는 유독 핑크색 옷을 즐겨 입었다 하고, 1950~60년대 영화배우와 패션에 관심 있는 여성들이 가장 사랑하는 컬러 또한 핑크였다. "나는 핑크색을 믿는다"라고 말한 바 있는 오드리 햅번은 핑크야말로 행복을 만들어주는 색이라 극찬하며, 실제로도 핑크 드레스를 자주 즐겨 입었다.

▲ 〈장난감 말을 탄 장 모네〉, 클로드 모네

　　부드러운 여성미를 강조하고 싶을 때 많은 여성들이 가장 선호하는 색깔인 핑크는 특히나 미팅이나 소개팅, 혹은 데이트에서 가장 많이 활용되는 컬러다. 똑같은 이유로, 즉 너무 여성스럽다는 단점 때문에 분홍색을 아예 기피하는 남성들도 많다. 그러나 남성들도 이러한 분홍을 잘 활용하면 부드럽고 친근한 이미지를 드러낼 수 있다. 특히 여름 쿨톤이어서 맑고 밝은 컬러가 어울리는 남성이라면 핑크 셔츠나 핑크 넥타이 등을 착용해볼 것을 권한다.

　　분홍에도 여러 종류의 핑크가 있으며, 특히 시중에 나온 분홍 립스틱

▲봄 웜톤

▲여름 쿨톤

▲가을 웜톤

▲겨울 쿨톤

Pink

▲ 웜톤의 분홍

▲ 쿨톤의 분홍

은 수만 가지 컬러가 있어서 내게 어울리는 분홍 톤을 찾기가 은근히 어렵다. 분홍 립스틱이 안 어울린다는 사람도 수만 가지 분홍 중에 '찰떡'인 컬러를 못 찾았기 때문이지, 모든 분홍 립스틱이 안 어울리는 것은 아니다. 퍼스널 컬러 전문가는 각 피부 톤에 맞는 립스틱을 매치해 고객들이 평소에 전혀 쓰지 않던 립스틱을 권하고, 그렇게 사용했을 때 훨씬 예쁘고 잘 어울린다는 칭찬을 듣게 하는 일에 보람을 느낀다.

봄 웜톤은 따뜻한 코랄 기운이 들어간 핑크, 여름 쿨톤은 딸기우유처럼 흰색이 많이 섞인 부드럽고 맑은 핑크, 가을 웜톤은 연어색처럼 살짝 톤 다운된 깊이 있는 핑크, 겨울 쿨톤은 푸른빛이 도는 짙고 선명한 비비드 핑크를 활용하면 좋다.

보라,
인상파 화가들이 탐닉하다

보라는 빨강의 강렬한 힘과 파랑의 우아함을 합친, 신비하고 개성 있는 색이다. 보라를 좋아하는 사람은 감수성이 풍부하고 미적 감각이 뛰어나다는 평가를 받는다. 고도로 감성이 발달한 타입으로, 예술가적 기질을 가진 사람들이 많다. 빨강의 특성과 파랑의 특성이 섞여서인지, 유독 보라를 좋아하는 사람이 정서 불안이나 질투, 우울 등 복잡한 심리 상태를 보인다는 말도 있다.

보라는 과거 왕족의 색이었는데, 클레오파트라에게 영향을 받은 율리우스 카이사르가 황제의 색으로 보라를 채택하며 높은 지위를 부여한 이후로 보라는 소수만이 독점하는 왕족의 색이 되었다. 비잔틴과 신

▲ 〈보라색 망토를 두른 유스티니아누스 황제〉, 라벤나 산 비탈레 성당의 모자이크 세부

성로마제국의 통치자들이 입었던 의상, 그리고 로마 가톨릭의 주교들이 입는 의상의 색이 바로 보라였다. 그런 이유인지 '로열 퍼플royal purple'이라는 단어가 존재한다.

얼마 전 서거한 영국의 엘리자베스 여왕도 보라색을 가장 좋아해서 보라색 코트, 보라색 장갑, 보라색 투피스 등 보라색 옷을 즐겨 입었다. 2022년 9월 18일 토트넘과 레스터 시티의 경기가 열린 런던의 토트넘 홋스퍼 스타디움에서 경기를 시작하기 전 여왕을 추모하는 행사를 가졌는데, 이때 전광판을 여왕이 사랑한 색인 보라색으로 바꾸었다.

1850년대 후반 영국의 화학자 윌리엄 퍼킨은 콜타르에서 우연히 모브mauve(연보라색) 안료를 만들어냈다. 빅토리아 여왕과 외제니 황후가

Purple

▲ 웜톤의 보라

▲ 쿨톤의 보라

우아한 모브 드레스를 입자 '모브 열풍'이 불면서 보라의 인기가 급상승
했다.

　이후 보라는 전보다 흔해지기는 했지만 여전히 신비하고 독특한 색으
로 평가된다. 디올, 입생로랑 등 명품 브랜드가 포이즌이나 오피움 같은
향수를 출시할 때 보라를 사용하면서 관능적인 색으로도 알려졌다.

　인상주의 화가들이 매료되었던 색이 바로 보라, 그중에서도 바이올렛
이다. 바이올렛은 망가니즈 광물을 갈아서 만들어 그 색이 짙고 어두운
보랏빛을 띤다. 바이올렛은 많은 예술가들, 특히 인상주의 화가들의 상
상력에 불을 붙였다. 인상파 화가 모네는 "바이올렛이더군. 공기는 바이
올렛이야. 3년 뒤에도 세계는 여전히 바이올렛이겠지"라는 말을 남겼
다. 마네, 모네, 르누아르 등은 작품에 바이올렛을 워낙 많이 사용한 터
라, 세간에서는 이들을 두고 미쳤거나 정체불명의 병에 시달린다고 결
론 내리고 '바이오레토마니아(보라색광)'라고 부를 정도였다.

▲ 봄 웜톤

▲ 여름 쿨톤

105

▲ 가을 웜톤

▲ 겨울 쿨톤

이들 인상주의 화가들은 자연의 빛을 이용해 풍경이나 사람을 스케치하듯 그렸는데, 자연의 빛은 시시각각 바뀌기에 이를 담아내려면 풍성한 색 묘사가 필요했다. 화가들은 보색을 이용해 빛과 그림자 효과를 가져왔는데, 가령 햇빛이 노랑이면 반대편 그림자를 바이올렛으로 표현하는 방식이었다.

제비꽃을 닮은 '베리페리Very Peri'가 올해의 색(2022년)으로 선정되기도 했는데, 베리페리는 레드 언더톤에 다이내믹한 페리윙클 블루 컬러를 더한 생생한 보랏빛의 블루다. 레드가 가미되어 세상에서 '가장 따뜻한 블루'라고 할 수 있다. 파랑의 평온과 안정감에 빨강의 역동적인 에너지가 함께하는 색이므로, 아마도 코로나가 끝나고 일상으로 돌아가길 기원하며 선정한 컬러로 볼 수 있다.

보라색에 대한 열광은 런웨이에서도 종종 확인할 수 있었다. 또한 지금까지는 퍼스널 컬러에 관계없이 웜톤의 메이크업 제품들이 다양하게 많이 출시되었지만, 최근 퍼스널 컬러에 대한 관심이 급증하면서 국내 브랜드를 중심으로 쿨톤 제품도 많이 출시되고 있다. 쿨톤인 사람들이 더 폭넓게 제품을 선택할 수 있는 기회가 생긴 것은 모브 컬러의 메이크업 제품들이 많이 나오고 있기 때문이기도 하다.

BTS도 선택한 컬러?
올해의 색, 베리페리

섀도 추천템

퍼스널 컬러 메이크업에서 보라색을 볼 때마다 빅토리아 여왕이 좋아했다는 모브 컬러가 떠오른다. 연한 그레이가 섞여서 톤 다운된 저채도의 연한 보라색을 뜻하는 모브는 뮤트톤이 어울리는 여름 쿨톤의 전유물로 여겨지는 메이크업 컬러다. 모브 섀도나 립스틱을 사용하면 신비롭고 몽환적인 분위기를 연출할 수 있다.

신비롭고 몽환적인 분위기를 연출할 수 있는 보랏빛 섀도를 몇 가지 추천해보겠다.

- 루나 톤 크러쉬 3호 COZY MAUVE
- 롬앤 베러 댄 아이즈 말린 제비꽃
- 샤넬 레베쥬 라이트
- 에스쁘아 리얼 아이 팔레트 4호 모브미

9

갈색,
첫 시도로 언제나 환영받다

personal color

갈색은 뭐니 뭐니 해도 가을 웜톤을 대표하는 색이고 나무, 땅 등 자연의 색이기 때문에 편안하고 자연스러운 느낌을 주는 컬러다. 차분하고 고급스러운 이미지를 지니고 있어 무난하게 오래 사용해야 할 물건을 고를 때 갈색을 선택하는 경우가 많다. 특히 가죽 가방, 지갑, 신발, 벨트 등은 오래전부터 브라운 제품이 큰 인기를 끈다.

처음 머리 염색을 할 때는 물론이거니와 메이크업을 조심스레 시작할 때, 과감한 시도가 부담스러울 때 등 우리는 가장 만만한 브라운 색조를 사용한다. 이렇듯 갈색을 무난하고 편안한 컬러로 여긴다.

그러나 웜톤의 대표 컬러인 갈색은 사실 그 어떤 색보다도 톤을 잘 맞

▲봄 웜톤

▲여름 쿨톤

▲가을 웜톤

▲겨울 쿨톤

𝕭𝖗𝖔𝖜𝖓

▲ 웜톤의 갈색

▲ 쿨톤의 갈색

취 사용해야 하는 컬러다. 하지만 사람들은 이러한 사실을 간과한 나머지 수많은 실패를 거쳐야 깨닫고 만다. 내 경우만 해도 점잖고 고급스러워 보인다는 이유로 남편의 결혼 예복을 브라운으로 선택했는데, 지금 보면 여름 쿨톤의 밝은 컬러가 어울리는 남편에게 가을 웜톤의 브라운은 고급스러워 보이기는커녕 제 나이보다 대여섯 살은 많아 보이게 만들었다. 게다가 넥타이까지 웜톤의 레드 빛이 감도는 짙은 브라운을 선택했으니, 어쩌다 나는 일부러 남편을 나이 들어 보이게 하려고 작정한 사람이 되어버렸다.

대지나 흙, 바위, 모래 또는 이를 연상시키는 색을 '어스earth 컬러'라고 한다. 자연에서 온 브라운, 베이지, 카키 등이 어스 컬러에 속하는데 모두 차분하고 평온한 느낌을 준다는 공통점이 있다. 값비싼 가죽, 위스키, 고급 가구 등에 어스 컬러를 잘 활용하면 격조 높고 명품 같은 이미지를 연출할 수 있다.

봄 웜톤인 사람에게는 밝고 화사한 카멜 컬러가 잘 어울린다. 여름 쿨
톤은 코코아에 흰 우유를 많이 섞은 듯한 갈색, 혹은 밀크티의 색이 적
당한데, 옐로가 많이 들어간 갈색을 쓰면 얼굴이 노랗게 떠 보일 수 있
기 때문이다.

가을 웜톤은 위의 어스 컬러를 자유롭게 활용하면 무난할 것이며, 겨
울 쿨톤은 고동색처럼 옐로를 배제한 다크초콜릿, 레드브라운 정도가
적당하다.

나에게 맞는 헤어컬러?
퍼스널 컬러별 염색 추천

III

흰색과 검정,
색은 반대지만 성격은 같아요

personal color

색은 반대이지만 성질은 같은 흰색과 검정

검정과 흰색은 상반되는 색깔로 분류된다. 빛과 어둠을 색으로 표현한다면 빛은 흰색, 어둠은 검정이다. 그래서인지 흰색 하면 '백설'이라는 단어가 먼저 떠오른다. 그림 형제의 동화 《백설공주》, 하얀 백설기, 영화 〈겨울왕국〉의 눈 덮인 설산도 물론이다. 《백설공주》에서 왕과 왕비는 피부가 눈처럼 하얀 딸이 태어나기를 기원하다가 마침내 아기가 태어나자 이름을 백설snow white이라고 짓는다. 백설공주는 이름처럼 깨끗하고 진실하며 선한 이미지이다. 이처럼 흰색은 선함, 착함, 진실함, 순수함을 표상한다.

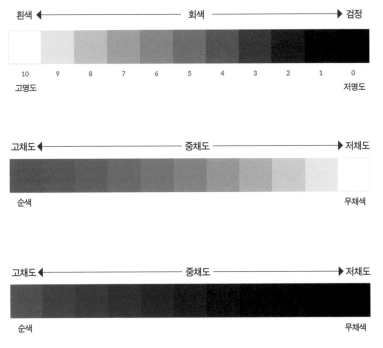

▶ 흰색과 검정, 채도와 명도

흰색 ◀━━━━━━━━━ 회색 ━━━━━━━▶ 검정

| 10 | 9 | 8 | 7 | 6 | 5 | 4 | 3 | 2 | 1 | 0 |
고명도   저명도

고채도 ◀━━━━━━━━ 중채도 ━━━━━━━▶ 저채도

순색   무채색

고채도 ◀━━━━━━━━ 중채도 ━━━━━━━▶ 저채도

순색   무채색

반면 검정은 어둠, 죽음을 의미한다. 상복, 장의사의 복장, 장의차는 검은색이며 저승길로 안내하는 저승사자의 옷도 검은 한복이다. 검은색은 절망, 불행, 악마를 뜻하기도 한다. 검은 고양이는 불길한 기운 혹은 불행을 상징하고, 서부영화에 등장하는 악당은 검은 모자를 쓴다. 사탄이나 타락한 천사를 상징하는 색도 검정이다.

흰색과 검정은 둘 다 무채색에 속하며, 순색의 명도와 채도에 영향을 미친다. 순색에 흰색을 섞으면 고명도, 검정을 섞으면 저명도로 바뀌면서 채도는 낮아져 저채도가 된다.

앞의 표에서처럼 흰색과 검정은 여러 종류의 색보다는 한두 가지 색과 섞였을 때 다른 색을 돋보이게 해주는 색이라고 볼 수 있다. 또한 둘 다 깔끔하고 세련된 색으로 분류되어 대부분의 사람들이 가장 쉽게 그리고 가장 많이 구매하는 옷의 색이 흰색과 검정일 것이다. 그러나 사실 두 색은 생각보다 까다로워 누구에게나 어울리진 않는다.

흰색과 검정의 퍼스널 컬러

흰색과 검정은 봄여름가을겨울 중 어떤 퍼스널 컬러에 해당할까?

흰색

흰색은 명도가 가장 높은 색이기 때문에 앞서 소개한 PCCS 톤맵의 가장 위에 속하는 페일Pale과 라이트Light에 해당하는 여름 라이트톤에게 가장 잘 어울린다. 페일과 라이트를 포함하는 봄 라이트는 백지의 컬러보다는 옐로가 섞인 크림, 아이보리색이 더 잘 어울린다. 일반 A4용지 같은 흰색은 여름 라이트인 사람이 가장 무난하고 쉽게 입을 수 있는 컬러이다. 그래서 여름 쿨톤은 드레이핑 컬러 진단 시 흰색 케이프를 두르고 헤어를 흰색 보로 가렸을 때 가장 예뻐 보인다.

순수함과 깨끗함을 보여주는 흰색은 여름 쿨톤의 부드럽고 깨끗한 이미지와 잘 어울린다. 여름 쿨톤인 사람이 우아하게 연출하고 싶을 때 화이트를 잘 활용하면 가장 큰 효과를 얻을 수 있다. 화이트 셔츠의 청량함, 화이트 원피스의 우아함, 화이트 재킷의 깔끔함, 이런 식으로 말이다.

그런데 유행과 트렌드를 떠나 흰옷은 동서고금, 남녀노소를 막론하고

▲ 흰색을 겉에 입더라도 검정 이너웨어로 대비감
을 줘보자.

가장 잘 활용할 수 있으면서도 선뜻 입기 어려운 옷이다. 쉽게 더러워질
까 걱정되어 행동에도 제약이 따르고, 원래 모습보다 부해 보일까 걱정
되기도 한다. 하지만 진짜 멋쟁이들은 흰옷을 여러 방법으로 활용해 고
급스럽고 귀티 나는 이미지를 잘 연출해낼 줄 안다.

여름 쿨톤이 흰색으로 부드러움과 우아함을 표현한다면, 시크하고 개
성 있는 겨울 쿨톤도 화이트를 활용할 수 있다. 겨울 쿨톤은 파리한 느낌
마저 드는 화이트에 광택감도 잘 어울리는데, 흰색만 깨끗하고 부드럽게
사용하기보다는 블랙이나 다른 컬러로 대비감을 주면 훨씬 더 금상첨화
다. 같은 흰옷을 입더라도 이너웨어, 하의, 패턴 등으로 대비감을 준다면
겨울 쿨톤의 카리스마나 모던함을 흰색으로 충분히 표현할 수 있다.

검정

명도가 낮아서 어둡고 무거운 컬러인 블랙. 하지만 반면에 가장 화려하고 세련될 수 있는 블랙은 극과 극의 모습을 보여주는 컬러다.

옷이 많지 않고 튀는 것을 싫어하는 사람, 날씬해 보이고 싶은 사람 혹은 크게 신경 쓰지 않고 편하게 입고 싶은 사람들이 가장 무난하다고 생각해서 고르는 색이 검정이다. 가장 격식 있으면서도 화려해서 예식이나 파티처럼 차려입어야 할 때도 검은 옷을 주로 선택한다.

명도의 단계를 나타내는 그레이 스케일에서 가장 낮은 단계인 어두운 컬러, 검정은 당연히 저명도가 어울리는 겨울 딥톤에게 제일 잘 어울린다. 겨울 쿨톤의 카리스마 있고 모던한 이미지에는 어둡고 채도가 낮은 검정이 찰떡이다.

겨울 쿨톤이 검은 옷을 입으면 얼굴이 선명하고 윤기 있어 보이는 반면, 라이트톤이 검정을 입으면 얼굴에 그늘이 진 듯하고 칙칙하며 답답해 보인다. 무엇보다 사람이 컬러에 묻히는 현상이 일어나 본인의 매력을 발산하기 어렵다. 그런데도 자신에게 어울리는 퍼스널 컬러나 톤을 떠나서 많은 사람이 검정을 사랑하는 이유는 검은색이 주는 안정감과 편안한 매력을 결코 포기할 수 없어서일 것이다.

블랙 의상은 두고두고 활용도가 높기 때문에 자신의 체형과 스타일에 잘 맞는 옷으로 신중하게 구매하면 좋다. 블랙이 어울리지 않는 사람이라면 네이비 색상을 대신 활용해보는 것도 좋겠다. 혹은 쉬폰이나 레이스 등 가벼운 소재의 검정 의상을 입는 것도 좋은 방법인데, 이는 블랙이 주는 안정감과 편안함을 취하는 동시에 저명도의 무거움에 눌리지 않을 수 있기 때문이다.

116

▲ 겨울 쿨톤에게 검은 수트는 찰떡이다.

　　영화 〈티파니에서의 아침을〉에서 주인공 오드리 햅번이 입은 지방시의 블랙 드레스, 샤넬의 시그니처 블랙 미니드레스, 그리고 매니시 패션의 원조이자 여성복에 수트의 개념을 처음 도입한 입생로랑의 수트, 이러한 걸작들은 세월이 지나도 모던 시크를 보여주는 클래식의 정수이다.

골격별 검정 자켓 추천
& 스타일링 꿀팁

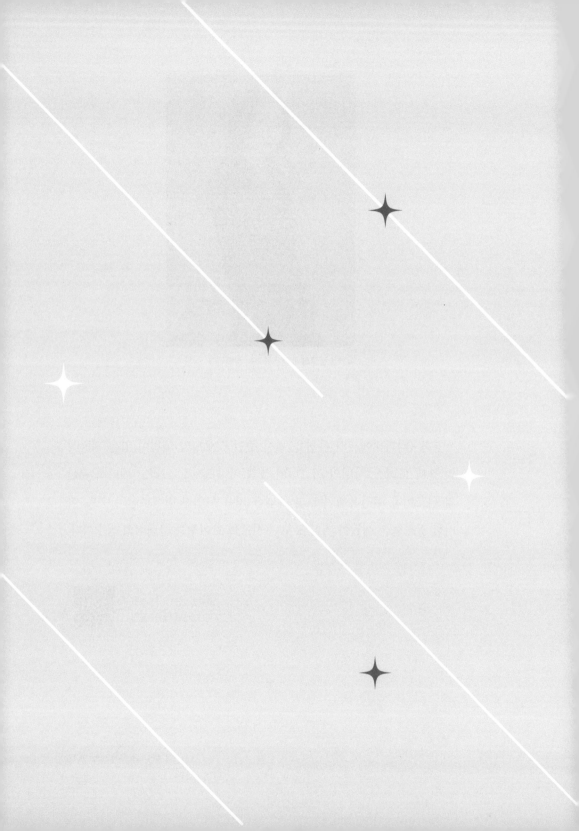

3

personal color

퍼스널 컬러가 나에게 해주는 일

1

올댓 퍼스널 쇼퍼의
길

---

personal color

앞 장에서 열 가지 색을 중심으로 퍼스널 컬러에 대해 알아보았다. 퍼스널 컬러는 단순히 옷을 고르고 메이크업의 톤을 결정하는 데만 국한되지 않는다. 컬러를 잘 활용하면 체형의 단점을 커버할 수 있으며, 헤어컬러, 주얼리, 향수를 선택할 때에도 중요한 기준이 된다. 인생 최고의 순간이라는 결혼식에서도 퍼스널 컬러만 알면 더욱 멋지게 빛날 수 있다.

그밖에도 퍼스널 컬러는 집 안의 인테리어, 일의 효율성과 휴식에까지 영향을 미친다. 나와 맞는 컬러로 침실을 꾸민다면 최상의 안정감을 느낄 수 있고, 어떤 경우엔 주변의 환경으로 인해 가라앉은 기분을 경쾌하게 끌어올릴 수도 있다. 정말이지 '올댓all that' 퍼스널 컬러다.

이번 장에서는 퍼스널 컬러를 다양하게 활용하는 방법과 퍼스널 컬러가 생활에 어떤 영향을 주는지 알아보고자 한다. 그러기 위해서는 퍼스널 쇼퍼에 대해 이야기하지 않을 수 없다. 퍼스널 이미지 브랜딩 전문가 중에서 각 분야의 전문성을 모두 갖춘 최고의 경지로는 단연 퍼스널 쇼퍼personal shopper를 꼽을 할 수 있다. 퍼스널 쇼퍼란 고객의 스타일과 취향을 종합적으로 고려하여 최상의 쇼핑을 제공하는 전문가이다.

퍼스널 쇼퍼는 먼저 고객을 대상으로 퍼스널 컬러를 진단한 뒤, 고객에게 가장 잘 어울리는 컬러, 최악의 비대칭 컬러, 무난한 배경색이 될 베이직 컬러를 선정한다. 그다음 골격 이미지 등의 체형을 진단한다. 이 과정을 생략하거나 다른 방법을 사용하는 퍼스널 쇼퍼도 있지만, 나는 퍼스널 컬러와 함께 골격 이미지 분석을 핵심 도구로 삼고 있다.

또한 패브릭 매칭을 분석하여 고객의 피부결, 머릿결, 얼굴형, 골격 등에 어울리는 옷감 소재를 파악한 뒤, 그 결과에 따라 어떤 핏이 잘 어울릴지 고민한다. 네크라인을 강조할지, 소매는 어떤 형태가 어울릴지, 허리 라인은 어떤 종류가 좋을지, 바지나 스커트는 어떤 타입이 어울릴지, 길이가 긴 것이 좋을지 살짝 모자라는 것이 나을지 등을 선별하는 것이다. 마지막 단계로, 액세서리를 어떤 방식으로 코디할지 결정한다.

성향/기질 분석 → 퍼스널 컬러 진단 → 체형/골격 진단

→ 페이스/이미지 분석 → 옷장 소개 및 패턴 파악 → 액세서리 코디

→ 워드롭 컨설팅 → 브랜드/예산 선정 → 퍼스널 쇼핑 진행

한마디로, 퍼스널 컬러로 시작하여 머리부터 발끝까지 진단하고 분석

하는 과정을 거친다고 보면 된다. 전문 퍼스널 쇼퍼로 인정받으려면 고객의 만족에 대비하여 시간과 비용을 가장 효율적으로 사용해야 한다. 그러기 위해서는 넓고 깊은 지식과 풍부한 경험을 통한 빠른 판단력이 필요하다.

고객의 입장에서도 퍼스널 이미지 브랜딩은 퍼스널 쇼핑에서 완성된다. 아무리 명료하게 이미지 브랜딩을 처방받는다 해도, 막상 혼자서 구색을 갖추기는 쉽지 않기 때문이다.

퍼스널 쇼퍼에게 필요한 다섯 가지 자질

이처럼 중요한 역할을 하는 퍼스널 쇼퍼로서 일하기 위해선 어떤 자질을 갖추어야 할까?

1. 외적 모습부터 가꾸자

우선, 평소 자신의 외적 모습부터 관심을 갖고 가꾸어야 한다. 고객이 믿고 맡길 수 있도록 퍼스널 쇼퍼는 항상 자신을 가꾸는 일을 게을리하지 않아야 한다.

2. 트렌드를 놓지 말자

트렌드에 뒤처지지 않도록 노력해야 한다. 패션 관련 서적과 잡지, 블로그, 영화와 TV 콘텐츠, SNS나 핀터레스트 등을 탐색하여 트렌드를 숙지하고 연구해야 한다.

이 일을 하게 되면서 나 또한 TV 드라마나 예능 프로그램을 현재 트렌드를 읽기 위해 열심히 챙겨 보곤 한다. 다행히도 나는 유튜브 채널에

영상을 매주 하나씩 업로드하기 때문에, 이를 위해 콘텐츠를 준비하다 보면 다른 패션 유튜버들의 영상, 혹은 여러 패션몰에 등장하는 패션스타일을 열심히 볼 수밖에 없다. 아이쇼핑도 열심히 하려고 노력하는 편인데 이런 과정들이 퍼스널 쇼핑을 진행하는 데 당연히 도움이 된다.

3. 고객의 특성을 파악하라

세 번째로 언급되는 자질은 고객의 특성을 파악하는 능력이다. 이때 단순히 고객의 퍼스널 이미지를 진단하는 것만이 능사가 아니기에 고객의 개인적 성향과 라이프스타일을 빠르게 파악해야 한다.

퍼스널 쇼퍼는 글보다는 다양하고 폭넓은 활동으로 삶을 배워야 한다. 초보 골퍼를 위해서는 골프웨어와 골프 액세서리를 충분히 파악해야 하고, 와인 모임 등에서는 고객보다 더 많은 파티 경험이 있어야 한다. 또한 퍼스널 쇼퍼는 고객을 떠받드는 서번트servant의 개념이 아니라 고객 스스로가 '자기다운' 양질의 삶을 살 수 있도록 옆에서 도와주는 스승이자 멘토임을 인지해야 한다.

4. 각종 브랜드를 섭렵하자

퍼스널 쇼퍼는 패션 등 각종 브랜드의 특성을 잘 알아야 한다. 백화점, 로드 숍, 보세 쇼핑몰, 온라인 플랫폼 숍에서 유통되는 전통 럭셔리 브랜드와 신흥 브랜드를 모두 섭렵해야 한다.

5. 고객을 세심하게 살펴보자

마지막으로, 퍼스널 쇼퍼가 되기 위한 중요한 자질은 고객에 대한 세

124

심한 관찰력이다. 고객이 기존에 보관하거나 애용하는 물건들을 기본으로 삼아, 최소한의 구매 비용으로 고객의 이미지를 극대화해야 하기 때문이다. 단순히 많은 비용을 들여 고가의 브랜드 의상과 장신구를 구입하는 일은 수준 낮은 치장술에 불과하다는 사실을 잊지 말자.

퍼스널 쇼퍼 되는 법
기본 자질부터 프로세스까지

2

골격은
단점이 아니라 개성이다

personal color

컬러와 함께 퍼스널 이미지 브랜딩에서 중요하게 여기는 과정 중 하나가 '골격 이미지 진단'이다. 일본이 처음 도입했다고 알려진 골격 이미지 진단에는 인류 역사의 어리석은 과거가 숨어 있다.

19세기 후반 민족주의를 선동하는 어용 학문으로 악용되었던 골상학이 신체 전면으로 확대되었다. 하지만 제2차 세계대전 이후 신자유주의와 함께 인종과 민족을 구분하려는 시도 자체가 차별이라는 비판의 목소리가 거세졌다. 그러자 이후 차별 없는 차이의 미학을 슬그머니 내세우며 '골격 스타일링'이라는 이름으로 골격 이미지 진단이 다시 생겨난 것이다.

조금이라도 개인별 특색을 구분 지으려는 노력이 필수인 퍼스널 이미지 브랜딩에서, 골격 이미지 진단은 입에 단맛을 우려내는 꿀사탕 같은 도구이다. 나 역시 퍼스널 컬러로 입문한 뒤 우연한 기회를 통해 골격 이미지 진단을 접하게 된 후 지금은 그것의 열렬한 예찬론자가 되었다.

골격 이미지 분석을 통해 파악할 수 있는 스타일은 크게 세 가지로 나뉜다. 스트레이트, 웨이브, 그리고 내추럴 타입이다.

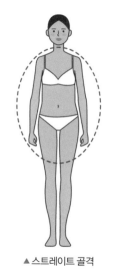

▲ 스트레이트 골격

스트레이트 골격

스트레이트 타입은 단단한 근육질 체형으로, 강인한 직선형의 이미지를 갖고 있다. 흉곽은 두께감과 입체감이 돋보이고, 상체의 가로 절단면을 상상해보면 거의 원통에 가깝다. 상대적으로 목이 짧고 굵은 편이며, 어깨가 단단하여 바스트 탑이 높아 상체가 하체보다 건강해 보인다.

가슴과 엉덩이의 볼륨이 상당하여, 꾸준히 관리해왔다면 글래머러스한 매력이 돋보이는 몸매이다. 다만 허리 주변과 복부에 살이 찌면 전체적으로 몸이 사과처럼 둥글둥글해 보일 수 있다.

스트레이트 골격
스타일링 꿀팁

127

컨설팅 중에 스트레이트 타입으로 진단이 나온 분들에게 "살이 찔 때 제일 먼저 복부부터 찌시죠?"라고 물으면 대부분 용한 점쟁이라도 만난 듯 화들짝 놀란다. 허리가 짧은 편이어서 다소 통자처럼 보일 수 있지만, 상대적으로 허리 위치가 높아 신체 비율이 좋은 경우기 많다.

이런 특징들보다 더 확연히 눈에 띄는 스트레이트 타입의 특장점을 꼽으라면, 나는 쇄골과 무릎뼈라고 말한다. 앞서 설명했듯이 근육이 발달해 단단하고 두께감 있는 스트레이트 타입은 쇄골과 무릎뼈가 두드러지지 않는다. 그런데 빗물이 담길 만큼 선명하게 움푹 팬 쇄골을 자랑하는 스트레이트 타입의 연예인들은 대체 어떻게 된 걸까? 극도로 심한 다이어트를 했거나 마사지 등의 부분 시술로 효과를 본 경우라면 스트레이트 타입이라도 쇄골을 드러낼 수 있다.

그렇다면 스트레이트 타입에게는 어떤 스타일링이 잘 어울릴까? '샤랄라' 분위기를 최애 아이템으로 원하는 사람이라면 충격을 받을 수 있으니 침착하게 공부하길 바란다. 몸 자체에 부피감이 떡 하니 자리 잡고 있다는 점을 항상 기억해야 한다. 그러니 여기에 볼륨을 더하는 스타일링은 최악이다.

스트레이트 타입에게는 직선으로 떨어지는 H라인의 심플한 스타일링이 최상이다. 지금까지 사랑했던 샤랄라 공주의 드레스는 잊어버려야 한다. 이제 스트레이트 타입이 명심해야 할 세부 스타일링 포인트를 알아보자.

디자인

요란스러운 장식 없이 기본에 충실한 스타일링이 좋다. 오버핏over-fit

이나 허리 라인을 살린 디자인은 피하라. 날씬하게 보이고 싶다면 몸에 딱 맞게 떨어지는 직선 라인을 살려야 한다.

소재

고급스럽고 매끈한 소재로 포인트를 주면 좋다. 울, 캐시미어, 실크처럼 차르르 떨어지는 광택감 있는 소재가 스트레이트 골격의 피부나 살성을 더 빛나게 한다. 데님이나 순면의 탄탄한 소재도 몸을 더욱 탄력 있고 돋보이게 한다.

반면 너무 얇은 소재의 의상은 단단한 근육과 상체의 입체감을 도드라지게 하여 자칫 부하게 보일 수 있으니 부피감 넘치는 시폰이나 폴리에스테르 같은 소재는 피해야 한다.

디테일

129

디테일은 최대한 자제하고 기본에 충실한 게 좋다. 몸에 뭔가를 더하면 더할수록 부피감이 늘어나기 때문이다.

추천 아이템

기본 테일러드 재킷tailored jacket●, 깊게 파인 네크라인, H라인 스커트, 스트레이트 팬츠, 셔츠 등 직선적이고 심플한 아이템이 잘 어울린다.

목이 짧고 굵은 편인 스트레이트 타입이 목선을 높게 올리면 숨 쉬기

● 기본 정장 신사복으로 만들어진 재킷이나 이를 본뜬 여성용 재킷.

도 힘들 만큼 답답해 보인다. 목선을 시원하게 드러내는 브이 네크라인이나 깊은 라운드 네크라인이 좋다. 재킷이나 코트도 단추나 지퍼의 시작점을 낮게 해서 목과 가슴을 시원하게 드러내야 답답해 보이지 않는다.

하의는 H라인 스커트가 기본이고, 팬츠는 하체의 다리 라인에 맞아 떨어지는 기본 스타일이 좋다. 다소 심플하거나 밋밋해 보일지라도 한번 시도해보자.

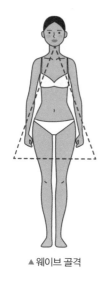

▲ 웨이브 골격

웨이브 골격

웨이브 타입의 골격 이미지는 이른바 삼각형 체형으로 마치 서양식 배 모양이라고 할 수 있다. 앉은 모습은 날씬해 보였는데 일어나면 부피감을 어필하는 하체에 놀란 적이 있다면, 전형적인 웨이브 체형을 목격한 것이다.

웨이브 골격은 뼈와 근육의 느낌이 별로 없는 부드러운 곡선의 이미지이며 몸통은 두께감 없이 평평하다. 목이 길고 가는 편이며 어깨가 좁고 처져 바스트 포인트가 낮으므로 상체가 왜소해 보일 수 있다. 가늘게 말려서 처진 어깨 때문에 가방끈이나 브래지어 끈이 흘러내리기 쉽다.

웨이브 골격
스타일링 꿀팁

가녀린 상체에 비해 하체의 부피감이 상당하고 특히 힙 아랫부분이 튀어나와 있는 경우가 많다. 살이 찌면 이 부분도 비대해져 그야말로 서양 배 모양이 된다. 엉덩이의 위치가 낮고 밑위도 길어서 밑위가 그대로 드러나는 팬츠보다 스커트가 잘 어울린다.

이러한 웨이브 골격 이미지를 제대로 이해했다면, 이 타입은 두 가지의 스타일링 포인트에 집중해야 한다는 사실을 눈치 챘을 것이다. 먼저 빈약하거나 왜소해 보이는 평평한 가슴을 채워주고, 두 번째로는 하체의 비대함을 가려주어야 한다. 물론 모든 웨이브 골격인 사람들의 하체가 비대하다는 것은 아니지만.

디자인

어깨나 가슴이 풍성하게 보이는 디자인을 골라야 한다. 허리를 묶거나 강조하는 X라인의 곡선적인 디자인이 바람직하다.

소재

부피감과 입체감을 살리기 위해 시폰, 오간자, 폴리에스테르처럼 무겁지 않게 날리는 소재를 추천한다. 이런 소재는 몸을 채워주기에 매우 좋으며 트위드도 몸의 형태를 잡아주는 부피감 있는 소재이다.

디테일

웨이브 골격 타입은 디테일이 많은 스타일이 잘 어울린다. 리본, 레이스, 러플, 주름 등 장식 요소가 많을수록 밋밋한 상체를 풍성하고 곡선적으로 만들어준다.

추천 아이템

트위드 재킷, 하이웨이스트 팬츠 및 스커트, 풍성한 블라우스, A라인 스커트 등을 우선 추천한다. 목선이 깊게 파이지 않고 기장이 짧은 드위 드 재킷은 웨이브 골격 타입에게 제격이다. 기본적으로 상의를 짧게 입 어야 다리가 길어 보여 비율 또한 좋아 보인다. 짧은 재킷이나 크롭티 등도 좋은 아이템이다.

웨이브 골격은 허리선이 낮은 데다가 허리가 길어 밸런스가 좋아 보 이지 않지만, 반면에 허리가 긴 덕분에 잘록한 허리를 갖고 있다. 그래 서 가는 허리를 강조하도록 벨트나 허리끈을 질끈 묶어주면 좋다. 기장 이 긴 트렌치나 코트를 입을 때는 반드시 허리를 묶어야 한다. 벨트나 허리끈은 긴 허리를 시각적으로 양분하여 시선을 위로 끌어올리며, 날 씬한 허리를 강조해주기 때문에 일거양득의 효과를 가져온다.

휑해 보일 수 있는 윗가슴이 드러나지 않도록 목선이 깊게 파이지 않 은 네크라인을 선택해야 한다. 하는 수 없이 깊이 파인 옷을 입어야 한 다면 초커나 트윌리 스카프 착용을 추천한다. 직선적인 셔츠보다는 곡 선적인 블라우스가 잘 어울리며, 처진 어깨를 보완하기 위해 어깨에 셔 링이나 퍼프가 있는 디자인이라면 금상첨화이다.

하의는 다리가 길어 보이는 하이웨이스트 팬츠나 스커트를 이용하 자. 힙과 허벅지의 살을 가리기 위해 허리에 주름(핀턱)을 잡아 여유 있 는 실루엣을 살려주는 슬랙스나 보이프렌드 진, A라인 스커트를 권하 고 싶다. 몸에 딱 맞는 스트레이트 팬츠나 H라인 스커트는 어울리지 않는다.

132

내추럴 골격

내추럴 타입의 특징은 단연코 강한 골격감이다. 골격이 단단하게 발달했기 때문에 강인하고 건강해 보인다. 스트레이트 골격의 근육감 있는 건강함과는 다르게 내추럴 타입의 경우는 관절과 뼈의 존재감이 크다.

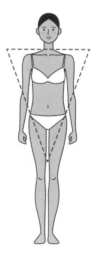

두께감이 부족하고 밋밋해 보이는 상체가 웨이브 골격과 비슷해 보이지만, 쇄골과 어깨뼈가 길고 곧게 뻗어 탄탄한 느낌을 주는 점이 웨이브 골격과 다른 차이점이다.

▲ 내추럴 골격

내추럴 골격 이미지를 언급할 때마다 항상 강조되는 단어가 '뼈'다. 뼈가 길고 크며 매우 단단해서 직각 어깨, 쇄골, 무릎뼈, 골반뼈 등이 두드러져 보인다. 상대적으로 키가 크거나 팔다리가 긴 사람들이 많다. 키가 작아도 내추럴 골격 타입은 신체 비율이 확실히 좋아 보인다.

과장되기는 했지만, 늘씬하다 못해 뼈만 보이는 자코메티의 조각상을 떠올려보자. 그 조각상에 아웃핏이 강조되는 코트를 걸쳐주었다고 상상하자. 골격이 아웃핏을 제대로 잡아주어 멋진 옷맵시를 보여주지 않는가. 모델들도 내추럴 타입이 많은데, 이런 골격을 가진 유형의 스타일링

내추럴 골격
스타일링 꿀팁

포인트는 역시나 내추럴한 멋스러움이다. 내추럴 타입을 위해 평소 내가 컨설팅하는 스타일링 포인트는 다음과 같다.

디자인

몸의 골격이 그대로 드러나는 '핏 되는' 스타일은 좋지 않다. 인위적으로 볼륨감을 더하는 스타일도 마땅찮으며, 루즈하고 내추럴한 디자인이 가장 좋다. 아방가르드avant-garde* 하거나 개성 있는 디자인이 잘 어울리고, 특히나 로우웨이스트의 멋스러움은 내추럴 타입이 누리는 특권이다. 맘껏 시도해보라.

소재

마, 린넨 등의 천연 소재가 자연스러움을 잘 표현해준다. 가죽, 코듀로이, 데님, 무스탕 같은 하드한 질감의 옷은 내추럴 골격과 잘 매치되어 강인함을 더해준다.

디테일

볼륨 있는 장식이나 레이어드를 많이 해도 전혀 과하거나 무거워 보이지 않으며, 오히려 자연스럽고 멋스럽게 어울릴 것이다. 볼드하고 큼지막한 액세서리나 머플러 등도 함께 활용해볼 것을 권한다.

* 실험적인 요소가 강하고, 독창적이며 특이한 디자인.

추천 아이템

컨템퍼러리 패션에서 많이 볼 수 있는 아이템들은 대부분 내추럴 골격 타입과 잘 어울린다. 예를 들어 오버핏 재킷이나 와이드 팬츠, 게이지가 낮은 풍성한 니트, 조거팬츠, 빅 머플러 등을 추천한다. 이러한 아이템들은 내추럴 타입의 관절과 골격을 옷 속에 가려주어 당신을 멋스럽게 재탄생시켜 줄 것이다.

체형의 장점을 살리자!
기본템 추천 & 골격 활용팁

135

3

옷장 정리가
두려운 당신에게

personal color

경제학자의 패러독스는 우리의 옷장에서도 여실히 드러난다. 평범한 우리의 일상에서도, 데이트를 준비하는 영화 속 여주인공이 옷장의 모든 옷을 뒤집어놓는 장면에서도 우리는 풍요 속의 빈곤을 절감할 수 있다.

오늘날 단순히 '옷장'이라고 번역되는 단어 '워드롭wardrobe'은, 프랑스 절대왕정 시대에 왕과 왕비가 머리끝에서 발끝까지 걸칠 수 있는 모든 것을 고이 보관하는 방을 가리킨다. 그래서 옷장은 단순히 옷 몇 벌 보관하는 공간의 의미를 뛰어넘어, 오롯이 자신을 담아내는 또 다른 자아가 되었다.

실제로 나를 찾아오는 고객의 상당수가 풍요 속의 빈곤을 고민한다.

다들 입을 맞추기라도 한 듯 "옷장에 입을 옷이 없어요"라며 울상 짓는다. 나이가 들수록 옷장 속 옷, 스카프, 액세서리, 구두의 가짓수가 늘어가는데도 흔쾌히 손이 가는 아이템은 거의 없다고 탄식한다.

옷 고민을 덜기 위한 네 가지 방법

'뭘 입지?' 매일 머리를 쥐어뜯게 만드는 이 고민을 해결할 방법은 옷장의 모든 아이템을 정리하고 새롭게 구성하는 것이다. 그러기 위해서는 옷장 구성과 쇼핑 노하우에 관해 아래의 네 가지를 제대로 숙지해야 한다.

1. 나 자신을 알라

자기 자신에 대해 제대로 알아야 한다. 내게 어울리는 컬러는 물론 어울리지 않는 컬러와 톤도 알아야 하고, 체형과 골격의 특징에 적합한 스타일로 연출할 안목을 갖추어야 한다.

2. 핵심·베이직·포인트 아이템은 필수!

핵심 아이템, 베이직 아이템 그리고 포인트 아이템으로 옷장 속 구색을 갖춰야 한다.

핵심 아이템이란 재킷, 코트, 수트 등 상대적으로 값나가면서도 개인의 스타일을 가장 잘 드러내는 주요 아이템을 말한다. 그래서 내구성이 좋고 유행을 크게 타지 않을 시그니처 타입이 좋다. 참고로, 10년 이상 거뜬하게 함께 할 핵심 아이템이라면 되도록 클래식한 브랜드에서 고르기를 추천한다.

여기서 클래식한 브랜드란 유행에 따라 생겼다 없어지는 그런 브랜드가 아닌, 브랜드의 특징을 오랫동안 유지하고 있는 브랜드를 가리키는 것이다. 내 경우에는 타임TIME, 띠어리Theory, 알렉산더 맥퀸 Alexander McQueen 같은 브랜드를 선호한다. 모두에게 추천하는 그런 브랜드는 아니지만 적어도 내게는 나의 체형의 특성과 이미지에 제일 잘 맞는 브랜드이기 때문이다.

베이직 아이템은 전반적인 스타일의 균형을 맞출 수 있도록 다른 아이템을 보완하는 심플한 디자인과 컬러가 좋다. 티셔츠나 이너웨어, 청바지, 베이직한 팬츠와 스커트 등으로 전체 룩을 돋보이게 할 수 있는 질이나 핏을 신중하게 골라야 한다. 나는 마음에 드는 기본 면티를 발견하면 화이트, 블랙, 차콜 같은 기본 컬러를 가능한 모두 사둔다. 언제 다시 내 맘에 쏙 드는 면티를 발견할지 모르기 때문이다.

포인트 아이템은 전체 룩에 변화와 다채로움을 심어주어 다양한 스타일을 표현할 수 있도록 돕는다. 그래서 유행하는 시즌 아이템이나 독특한 디테일, 컬러 등이 두드러지는 옷 혹은 액세서리를 적정 가격 선에서 갖추는 게 좋다. 자라ZARA, 에이치앤엠H&M, 에잇세컨즈8seconds 등의 SPA 브랜드*나 보세, 아울렛 등 경제적으로 부담되지 않는 선에서 구입하기를 추천한다.

여기서 주의할 점 하나! 핵심 아이템, 포인트 아이템, 베이직 아이템

---

* Speciality store retailer of Private label Apparel의 앞 스펠링을 딴 이름으로, 상품의 기획, 디자인, 제조 유통을 직접 진행하여 최신 유행을 빠르게 반영하고 저렴하게 공급하는 패션브랜드.

은 개인의 스타일에 따라 다르게 분류된다는 사실이다. 똑같은 H라인 스커트라도 누구에겐 핵심 아이템이겠지만 스커트를 거의 입지 않는 사람에겐 어쩌다 이용하는 포인트 아이템이다. 그러니 옷장을 구성하거나 쇼핑할 때는 항상 핵심 아이템과 베이직 아이템을 먼저 채우고, 그런 다음에 위트 넘치는 스타일을 위해 포인트 아이템을 갖추는 섬세함을 잊지 말자.

3. 액세서리를 잘 활용하라

포인트가 되는 액세서리는 패션스타일에 변화를 주고 완성도를 높여준다. 우선 남녀를 불문하고 스카프와 머플러를 다양한 컬러와 사이즈, 여러 소재로 갖춰두자. 중년 여성의 전유물이라는 인상을 가진 스카프가 요즘에는 젊은 세대와 멋쟁이 남성들로부터 사랑받고 있다. 이만큼 활용도 높은 아이템도 흔치 않다.

그런가 하면 액세서리 아이템 중에 쉽게 간과하는 것이 양말인데, 패션 스타일링에 자신이 없다면 아예 눈에 띄지 않게 신는 것이 좋다. 하지만 다양한 컬러와 패턴으로 포인트를 준다면 양말은 어느새 당신의 이미지를 효과적으로 각인시킬 것이다.

4. 브랜드 특성을 잘 알아두자

브랜드 특성을 잘 알아야 한다. 수많은 브랜드의 특성을 모두 학습하고 이해한 뒤 쇼핑에 활용하기는 너무나 머리 아프고 힘든 일이다. 하지만 평소 잡지나 화보, 핀터레스트 같은 SNS 등을 통해 브랜드 상품을 자주 들여다보거나, 자신의 취향과 이미지에 맞는 아이템을 스크랩해둔다면 쇼핑에 큰 도움이 될 것이다.

　　그럼 이제 학습한 방식으로 레이저의 눈빛을 갖추고 옷장 안을 살펴
보자. 우선 내 이미지, 스타일, 선호도에 맞지 않아 3년 이상 모셔온 아
이템이라면, 이웃을 위해 과감히 기부해보는 게 어떨까.
　　그리고 진짜 워드롭처럼 아우터, 상의, 하의, 이너웨어, 캐주얼 등의
섹션으로 정리해 구분해보자. 옷장을 구성하는 데 모자라는 아이템이
있다면 목록으로 꼼꼼히 작성한 후 하나씩 지워나가자. 이렇게 옷장이
하나둘씩 채워지는 동안, 당신은 충동구매와 거리가 먼 슬기로운 쇼퍼
로 성장할 것이다.

퍼스널 쇼퍼 옷장 털기
이것만 알아도 쇼핑 성공!

140

쇼핑할 때 이것만은 알고 가자

독자들을 위해 몇 가지 브랜드의 특징을 짤막하게 소개한다.

- 스트레이트 골격이라면, 오피스룩 위주의 기본 라인이 많은 Theory, DKNY, CLUB MONACO 등의 미국 브랜드가 잘 어울린다.

- 웨이브 골격에게는 유럽 브랜드인 Maje, Sandro, 국내 브랜드로는 S BLANC, 아보아보, Kenneth lady의 원피스나 정장을 권한다. 곡선의 라인을 살린 원피스나 너무 딱딱하지 않은 정장의 라인감이 웨이브 골격을 가진 여성에게 잘 어울리기 때문이다.

- 내추럴 골격은 오버핏, 와일드 팬츠 등 요즘 트렌드에 맞는 옷들이 잘 어울리므로 단연 패션에 대한 소화력이 뛰어나다. 그래도 LEMAIRE의 단순하지만 스타일리시한 디자인이나 Zadig&Voltaire의 유니크한 시도를 추천한다.

- 남성복이라면 Brooks&Brothers의 베이직 아이템들이 좋다. 스페인 브랜드 Massimo Dutti도 베이직 아이템에서 패션 액세서리에 이르기까지 일반 직장인 남성들이 가성비 좋게 이용할 만하다. 개인적으로 남성복 편집숍인 MAN ON THE BOON은 내가 고객들과 자주 이용하는 곳이기도 하다.

$$\mathcal{A}$$

컬러가 다르듯
향기도 다르다

personal color

누군가를 떠올리면 우리의 기억 저장소에 보관되어 있던 정량적 인식과 정성적 판단이 함께 호출된다. 시각적 컬러 이미지뿐 아니라 상대에게 느꼈던 호감까지 통합된 정보로 떠오르며 후각, 청각, 촉각의 정보도 동시에 호출되는 것이다.

파리에서 오랫동안 유학생활을 했던 친구는 도시의 향취와 함께 파리가 그리워진다고 한다. 낯선 남자의 낯익은 향취에서 문득 헤어진 과거의 연인이 떠올랐다던 친구의 눈물도 본 적이 있다. 이처럼 향기로 인한 후각은 시각 못지않게 극명한 이미지로 뇌리에 각인된다.

후각에 관한 판단과 인지는 곧 호감도로 이어지는데, 대개 생활환경과 교육의 수준에 따라 후천적으로 달라진다. 향기에 대한 호불호는 유전적 요인보다 문화적 요인이 크게 작용한다.

퍼스널 컬러에도 향기가 있다

그래서 퍼스널 이미지를 최상으로 브랜딩하려면 후각 즉 향기를 적극 활용해야 한다. 그러기 위해서는 퍼스널 컬러에 가장 잘 어울리는 향기를 선택해야 하고, 바로 이런 이유로 단연 향수가 중요한 코스메틱이 될 수밖에 없다.

향기의 중요성에 대해 내가 자주 언급하는 사례가 있으니, 마릴린 먼로와 샤넬 N°5이다. 샤넬 N°5는 코코 샤넬이 세상에 없는 강렬한 향수를 만들겠다는 욕심으로 당대 최고의 조향사 에르네스트 보에게 의뢰한 향수이다. 그가 만든 다섯 가지 샘플 중 코코가 다섯 번째 샘플을 고르고 출시하면서 '샤넬 N°5'라고 명명했다.

마릴린 먼로가 침실에서 샤넬 N°5를 애용한다고 인터뷰하면서 이 향수가 뜻하지 않은 대박 판매 행진을 일으켰다고 한다. 당대 최고의 섹스 심벌이 침실에서 애용하는 향수라는 이미지가 세간에 각인된 것이다. 향기와 시각이 어우러진 조합이 최상의 이미지를 브랜딩한 사례이다.

우리도 계절별 퍼스널 컬러에 어울리는 최상의 향기를 알아보자.

봄 웜톤

상큼함과 싱그러움이 특징인 퍼스널 컬러 봄 타입의 사람에게는 달콤하거나 시트러스*한 향이 잘 어울린다. 조말론의 넥타린 블로썸 앤 허니Nectarine Blossom & Honey, 아닉구딸의 로즈퐁퐁Rose Pompom, 바이레도의 선데이즈드Sundazed 등을 들 수 있다. 남성 향수로는 몽블랑의 레전드 스피릿Legend Spirit이 좋다.

여름 쿨톤

부드럽고 우아한 이미지인 여름 타입은 깨끗한 정결함이 돋보이는 특성이 있다. 그래서 향도 싱그럽고 은은하게 느껴지는 플로랄 향**이 좋다. 오션 계열의 아쿠아 향***, 비누 향, 아로마 향도 잘 어울린다. 조 말론의 잉글리시 페어 앤 프리지아English Pear & Freesia, 바이레도의 블랑쉬Blanche, 시슬리의 오 드 깡빠뉴Eau De Campagne를 추천한다. 남성 향수는 아쿠아 디 파르마의 미르토 디 파나레아Mirto di Panarea가 무난하다.

가을 웜톤

클래식하고 럭셔리한 이미지의 퍼스널 컬러를 가진 가을 타입에게는 진하고 오묘하며 관능적인 향이 최상이다. 사향샘으로 만든 머스크 향이나 바닐라 같은 동물성 향료를 배합해 만든 오리엔탈 향이 기본이

---

* 감귤류의 과일 향. 혹은 귤, 오렌지, 라임, 레몬, 유자와 같은 새콤달콤하며 신선하고 가벼운 향.

** 장미, 재스민, 은방울꽃(뮤게) 등의 청순하고 여리여리한 느낌의 향.

*** 물과 바다에서 느껴지는 향을 인공적으로 만든 향기.

다. 오리엔탈 향*은 진하고 오묘한 베이스를 제공하는 데 탁월하다. 딥디크의 탐다오Tomdao, 메종 마르지엘라의 재즈 클럽Jazz Club, 바이레도의 슈퍼 시더Super Ceder를 추천한다. 크리드의 그린 아이리쉬 트위드Green Irish Tweed를 남성이 이용한다면 더없이 탁월한 선택이다.

겨울 쿨톤

퍼스널 컬러 겨울 타입은 시크하고 개성 있는 매력이 돋보인다. 이런 특성인 겨울 이미지에는, 어떤 향이라고 바로 정의할 수는 없지만 매혹적이면서도 독특한 향이 제격이다. 시프레chypre**, 클로브clove***, 오리엔탈 향이 대표적이다.

겨울 쿨톤인 나는 평소 딥디크의 필로시코스Philosykos, 르라보의 어나더 13another 13, 바이레도의 모하비 고스트Mojave Ghost를 애용한다. 남성 향수로는 나르시소 로드리게즈의 블루 느와Bleu Noir가 좋다.

누구에게나 아닌 나에게 어울리는 향기를 찾아서

향기를 제공하는 향수의 다양성과 차별성을 생각하면 베스트셀러 소설 《향수: 어느 살인자의 이야기》의 주인공 장 바티스트 그르누이가 떠오른다. 그는 가장 아름답고도 독특한 향수를 갖기 위하여 25명의 여인을

● 신비롭고 고급스러운 향으로, 머스크와 엠버 같은 향료 배합. 무거우나 달콤하고, 부드러우나 섹시한 향.

●● 이끼, 패출리 등 젖은 숲의 느낌. 오크모스와 패출리 향에 오렌지, 장미, 재스민이 어우러진 향.

●●●자극적이지만 상쾌한 향의 향신료.

지방 용매에 절인 린넨 천으로 감싸 죽였다. 그때마다 그르누이는 죽은
여자들의 피부나 머리카락에서 그녀들의 향기를 채집해 궁극의 향수를
만들어냈다. 하지만 그는 끝내 프랑스 전역을 공포에 떨게 한 연쇄 살인
범으로 체포되고 만다.

살인범의 목이 날아가는 광경을 보려고 수천 명의 군중들이 모여들
었다. 사형장 위에 선 그르누이가 손에 쥔 병뚜껑을 열어 향수를 허공에
뿌리자, 어느새 사랑만이 전부인 세상으로 바뀌어버렸다. (그르누이의 사
형 집행을 보기 위해 모인 고관대작에서 평민에 이르기까지, 수천 명의 군중이 향
기를 맡은 순간 실오라기 하나 없이 벗은 몸으로 옆 사람과 격정적인 사랑을 나
누는 장면이 압권이다.)

사랑에 정신을 뺏긴 군중을 뒤로하고 그르누이는 자신이 태어난 파
리의 시궁창 뒷골목으로 가 남은 향수 전부를 자신의 몸에 부었다. 그르
누이의 얼굴을 굵게 타고 내리는 향수가 마치 시궁창의 폐수 같았다. 굶
주린 부랑자들이 그의 피부를 타고 흐르는 향수를 쫓아 미친듯이 달려
들었고, 그렇게 그는 살점 하나 남김없이 세상에서 사라졌다.

사람들이 퍼스널 컬러와 퍼스널 이미지 브랜딩에 관심을 갖는 이유
는 무엇일까? 사랑받고 싶어서, 혹은 사랑하고 싶어서가 아닐까? 그저
자신만의 세상을 추구하고 남을 신경 쓰지 않는다면 퍼스널 이미지 브
랜딩이 존재할 이유가 없을 것이다.

그렇다 하더라도 타인의 사랑을 갈망하는 그르누이의 방식은 틀렸다.
25명의 아름다운 여인을 죽여 한 데로 합칠 게 아니라, 제각각의 삶과
향기를 지닌 채 함께 살아가는 것이 진정한 사랑에 이르는 방법이 아니
었을까.

자신의 삶을 최상의 이미지로 브랜딩하려면, 퍼스널 컬러에 잘 어울리는 나만의 향기가 핵심이 되어야 한다. 퍼스널 이미지 컨설턴트는 장 바티스트 그르누이와 달리 세계 최고의 향수를 추구하거나 권하는 사람이 아니다. 퍼스널 이미지에 최상으로 어울리는 고객의 향기를 찾아내고 제안하는 조력자이다.

퍼스널 컬러별 향수 추천!
인생 향수를 찾아보자

주얼리,
내적 아름다움의 극대화

의복이 피부를 보호하고 신체를 형상화하는 전통적인 역할에서 서서히
벗어나던 시절, 그 무렵부터 구두나 가발, 허리띠, 스카프, 모자 등의 장
신구가 주목받기 시작했다. 지금은 흔한 단추조차도 한때는 패션의 정
수로 손꼽혔다. '꽃봉오리'와 같은 뜻의 프랑스어 '부통bouton'에서 버
튼button이 보편화되었듯이, 넥타이 또한 로마시대 황제 앞에서 열병하
던 크로아티아 용병이 맨 스카프에서 유래했다는 설도 있다.

의상 이외에 자신을 치장할 수 있는 액세서리들을 생각해보면, 크게
머리 부분을 장식하는 패시네이터fascinator와 장신구를 들 수 있다. 머
리를 보호하고 장식하는 패시네이터는 의상의 특징을 갖고 있지만, 상

시성이 떨어지기 때문에 장신구와 병렬적으로 구분된다. 영국 왕실의 여성들이 머리 부분을 치장하기 위해 사용하는 로열 패시네이터를 떠올리면 이해가 좀 쉬울 것이다. 아웅산 수치의 꽃 치장과 프리다 칼로의 나비 핀도 일종의 패시네이터이다.

여기서는 의상과 연동되어 외면을 치장하는 장신구 중 주얼리에 관해 소개하고자 한다. 보석, 장신구 등 여러 단어의 혼재를 피하기 위해 퍼스널 이미지 브랜딩에서 주로 사용하는 '주얼리'라는 용어로 통일하겠다.

주얼리라고 하면 수십 캐럿의 다이아몬드 세공품이나 아이보리 진주 알이 엮여 있는 목걸이 등이 생각날 것이다. 드라마나 영화 같은 매체에서 주얼리는 '부富'를 나타내고, 이는 곧 신분을 과시하는 수단이라는 클리셰를 만들었기 때문이다.

왕이 왕관을 쓰듯이, 중세 기사가 갑옷을 입듯이, 미디어에서 만들어진 주얼리 클리셰는 일종의 '시그니처 주얼리Signature Jewelry'로 사람들에게 각인되었다. 시그니처 주얼리란 누군가를 떠올릴 때 머릿속에 함께 연상되는 그 사람의 주얼리이다. 세공사나 디자이너가 연상되지 않는 이상, 누군가가 상시 착용하던 주얼리가 떠오를 텐데 그것이 그의 시그니처 주얼리다. 영국 왕실의 다이애나 황태자비가 애용하던 진주 목걸이가 대표적인 시그니처 주얼리다.

재클린 케네디와 다이애나 황태자비는 진주를 통해서 단아하고 우아한 이미지를 잘 드러냈다. 오랫동안 왕족이나 소수 귀족만의 전유물로 여성미를 상징하던 진주는 기품 있는 시그니처 주얼리로 애용되었다. 시그니처 주얼리는 착장하는 사람의 의지와 기호에 따라 형성된다.

반면 자신의 의사나 신념, 철학, 라이프스타일 등을 간접적으로 드러내기 위해 이용하는 '스테이트먼트 주얼리Statement Jewelry'가 있다. 이를 정치공학에 역동적으로 활용한 사람이 미국의 국무장관이었던 매들린 올브라이트이다. 걸프전 패배에 치를 떨던 이라크인들이 올브라이트를 독사라고 비난할 때, 오히려 그녀는 뱀 모양의 브로치를 달고 나왔다. 러시아와의 분쟁이 세간의 이슈로 떠올랐을 때, 그녀는 당당히 미사일 모양의 브로치를 달아 전 세계에 강력한 메시지를 던졌다.

두말하면 잔소리지만, 시그니처 주얼리와 스테이트먼트 주얼리를 착용할 때 퍼스널 컬러에 맞추어 이미지를 최상으로 브랜딩하는 작업이 필수다. 퍼스널 이미지와 동떨어진 주얼리를 사용하면 착장자의 이미지를 훼손할 수 있기 때문이다. 또한 시그니처 주얼리에 기반하여 의사 표현에 적합한 스테이트먼트 주얼리를 퍼스널 이미지에 맞게 연출할 수 있다면 내적 아름다움을 극적인 방식으로 뽐낼 수 있다.

퍼스널 컬러별 주얼리 추천

퍼스널 이미지 브랜딩에 효과적인 주얼리를 살펴보고 각자에게 어울리는 아이템들에는 어떤 것이 있을지 함께 알아보도록 하자.

봄 웜톤

넘치는 생동감과 밝은 분위기가 특징인 봄 웜톤은 컬러풀하고 아기자기한 액세서리가 잘 어울린다. 골드나 로즈 골드 베이스, 혹은 유색의 컬러 주얼리를 착용하면 최상의 결과를 얻을 수 있을 듯하다. 하트나 플라워, 리본 모양처럼 곡선미가 있으면서도 발랄한 분위기의 디자인이 어울린다.

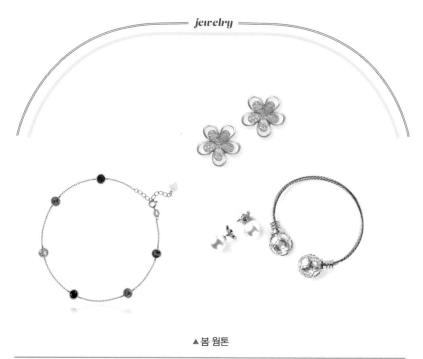

▲봄 웜톤

▼여름 쿨톤

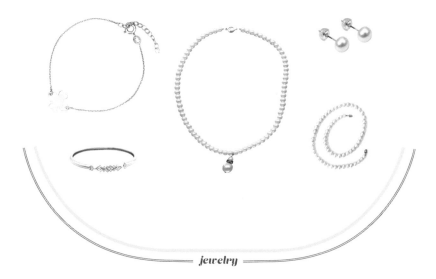

여름 쿨톤

깨끗하고 우아한 이미지의 여름 쿨톤에게는 실버나 화이트골드 베이스의 깔끔한 스타일이 최고다. 특히 라이트톤의 경우, 럭셔리하고 화려한 골드는 어울리지 않으며, 진주나 화이트 자개처럼 깨끗하고 가벼운 분위기가 잘 맞는다. 직선적이거나 하드하고 볼드한 디자인은 어울리지 않으니 가까이하지 않는 것이 좋다.

가을 웜톤

클래식하고 화려한 이미지의 가을 웜톤에게는 골드가 제격이다. 볼드한 디자인이 잘 어울릴 것이며, 대담하고 화려한 디자인도 과해 보이지 않는다. 곡선의 부드러움을 살린 부피감 있는 스타일에 안성맞춤인 가을 웜톤들에게는 앤티크 주얼리를 착용하는 것도 특유의 럭셔리한 이미지를 부각시켜 줄 듯하다.

겨울 쿨톤

시크하고 모던하며 개성미가 넘치는 겨울 쿨톤에게는 플래티늄, 화이트골드, 실버의 직선적인 디자인이 잘 어울린다. 겨울 쿨톤은 대비감이 돋보이도록 확실하게 포인트를 살려주면 효과를 극대화할 수 있어 볼드하거나 화려한 주얼리가 좋다.

골격 이미지별 주얼리 추천

퍼스널 컬러별로 적합한 주얼리에 대해 설명했지만, 그 외에 각자의 골격 이미지에 따라서도 주얼리에 대한 추천 포인트가 달라진다.

▲가을 웜톤

▼겨울 쿨톤

스트레이트 골격 이미지는 패션 스타일이 직선적이고 심플하므로 깔끔한 이미지의 주얼리를 권하고 싶다. 반면 웨이브 골격은 상체가 왜소한 경우가 많으므로 볼륨감이 크지 않고 곡선적인 주얼리가 어울린다. 내추럴 골격은 골격이 단단하고 큰 편이라서 볼드한 스타일이 좋고, 레이어드도 잘 어울린다.

다만 주얼리를 선택하는 데 있어서 골격 이미지는 부차적으로만 참고할 뿐이며, 가장 우선으로 고려해야 할 척도는 퍼스널 컬러라는 사실을 잊지 말자.

또한 브랜드와 현금 가치만 신경 쓰다가 오히려 사람이 주얼리를 '모시고 지내는' 집사 신세가 되어버리는 수가 있다. 즉 주객이 전도되는 것이다. 퍼스널 이미지에 어울리는 주얼리라면 당신의 시그니처, 그리고 스테이트먼트 주얼리로서 그 역할을 충분히 해내지 않을까 싶다.

154

골격 스타일에 맞는
액세서리 & 가방 찾기

$$\textbf{6}$$

퍼스널 컬러,
웨딩드레스에도 예외는 없다

personal color

'바이허'를 설립한 초창기부터, 나는 웨딩 컨설팅을 꾸준히 해왔다. 웨딩 페어나 웨딩 박람회 부스에 참석하면 잠깐이라도 컨설팅을 받기 위해 예비부부들이 길게 줄을 설 만큼 항상 인기 만점이었다.

결혼식을 앞두고 가장 아름답고 멋진 기억을 만들려는 예비 신랑과 신부의 염원이 매번 인산인해의 장관을 만들어냈다고 생각한다. 모르면 몰라도, 퍼스널 이미지 브랜딩을 들어본 사람이라면 자신의 결혼식을 앞두고 절대 그냥 지나칠 리 없다.

웨딩 컨설팅 역시 퍼스널 컬러와 골격 이미지 분석이 핵심 진단이다. 그래서 신랑과 신부 각자에게 어울리는 콘셉트의 프레임을 제시하는

데 중점을 두고 있다. 웨딩 콘셉트는 신랑과 신부에게 가장 잘 어울리는 웨딩드레스, 메이크업, 부케, 한복 등 예복 스타일을 총체적으로 일컫는다. 인생 최고의 순간을 위해 가장 아름답고 좋은 것을 원하는 고객에게 큰 방향을 제시하는 것이 웨딩 컨설팅의 목적이다.

퍼스널 이미지 브랜딩 컨설턴트가 추천하는 계절별 퍼스널 컬러의 웨딩 콘셉트를 본격적으로 알아보자.

봄 웜톤

여기까지 읽었다면 예상이 가능하듯, 봄 웜톤은 밝고 경쾌한 느낌의 웨딩 콘셉트가 필요하다.

웨딩드레스

살짝 크리미한 컬러의 웨딩드레스를 추천하며, 광택감 있는 원단으로 제작된 벨 라인*이나 프린세스 라인**의 공주풍 드레스가 잘 어울린다. 너무 무겁지 않은 소재와 장식이 좋고, 부가적으로 플라워 장식이나 아기자기한 비즈 장식을 웨딩드레스에 달아도 잘 어울릴 것이다.

메이크업

메이크업은 따뜻하고 상큼한 코랄이나 피치 톤이 적합하다. 블러셔

---

* 허리 아래가 종 모양으로 부풀려진 스타일.

** 상반신은 몸에 맞고 허리 아랫단으로 내려갈수록 퍼지는 실루엣.

▶ 봄 웜톤

를 이용하여 싱그럽게 표현하는 것도 좋고, 싱그럽고 자연스러운 눈매를 연출해 평소보다 더욱 사랑스럽고 반짝이도록 하는 동안 메이크업도 어울린다.

부케

발랄한 이미지에 어울리도록 부케는 작고 둥근 디자인이 좋으며 피치, 코랄, 옐로 컬러의 꽃들이 적당하다.

한복

예복으로 갖출 한복은 선명하고 비비드한 색감을 추천한다. 개나리,

연두색 등 봄이 연상되는 웜톤 컬러의 화사한 한복이 발랄하고 싱그러운 느낌을 안겨줄 것이다.

여름 쿨톤

여름 쿨톤의 웨딩 콘셉트는 깨끗하고 우아한 느낌이 포인트이다.

웨딩드레스

웨딩드레스는 과한 볼륨감이 거부감을 일으키지 않도록 슬랜더 라인*이나 A라인**으로 자연스럽게 떨어지는 심플한 실루엣이 잘 어울린다. 깨끗한 화이트 색상으로, 두껍지 않고 섬세한 실크 등 가벼운 소재의 원단이 좋다.

메이크업

여름 쿨톤은 자연스럽고 투명한 메이크업이 잘 어울리기 때문에 결혼식이라고 지나치게 화려한 치장을 했다가는 자칫 인생 최악의 기념사진을 남길 수 있다. 웨딩 메이크업 전에 미리 자신의 퍼스널 컬러를 메이크업 아티스트에게 알려주는 것이 꼭 필요하다. 병원에서 처방전을 받기 전에 알러지 유무를 미리 알려주듯이 말이다.

* 가늘고 호리호리한 세로선이 강조된 실루엣.

** 자연스럽게 아래로 갈수록 퍼지는 실루엣.

▶ 여름 쿨톤

159

부케

부드럽고 소프트한 파스텔컬러 부케는 여름 쿨톤 신부를 더욱 돋보이게 해준다. 부케는 꽃송이가 너무 크지 않은 게 좋아서 수국 정도가 적당하다.

한복

한복은 파스텔 톤의 라이트한 컬러나 그레이가 약간 가미된 부드러운 분위기의 뮤트 톤 스타일을 추천한다. 십중팔구 단아하고 우아하다는 칭찬을 들을 것이다.

▶ 가을 웜톤   사진 출처: 벨에포크 웨딩

가을 웜톤

가을 웜톤의 웨딩 콘셉트로는 단연 클래식하거나 내추럴한 스타일을 추천한다. 요즘 유행하는 스몰웨딩 중에서는 보헤미안 빈티지 스타일의 자연스럽고 내추럴한 분위기가 가을 웜톤 사람들에게 잘 부합하는 디자인이다. 반면 전통적인 예식으로는 럭셔리하고 화려한 콘셉트가 좋다.

웨딩드레스

웨딩드레스는 곡선적인 실루엣으로 몸의 라인을 강조하는 머메이드 스타일을 추천한다. 드레스 원단은 중후하고 클래식한 이미지를 배가시키는 두께감 있는 실크나 앤티크 레이스가 좋다. 오프 화이트보다는 옐로가 섞인 아이보리 계열의 컬러가 잘 어울린다.

메이크업

가을 웜톤의 웨딩 메이크업은 음영을 강조하여 차분하고 화려한 스타일로 꾸미기를 권한다. 브라운이나 버건디 계열로 눈매를 강조하는 것도 좋고, 딥 레드나 브라운이 살짝 섞인 립스틱도 잘 어울린다.

부케

볼륨감과 무게감 있는 스타일의 부케에 오렌지, 버건디 등의 웜한 컬러가 들어가면 금상첨화이다.

한복

예식 한복은 중후하고 성숙한 스타일로 브라운, 호박색, 녹두색 등이 어울린다.

겨울 쿨톤

겨울 쿨톤의 웨딩 스타일을 한 마디로 표현하면 모던 시크이다.

웨딩드레스

시크하고 직선적인 라인감을 살린 유니크한 디자인의 드레스가 최상이다. 세련되고 도시적인 스타일을 잘 소화하는 겨울 쿨톤이라면 아방가르드하거나 몸에 딱 맞는 타이트한 드레스로 섹시한 콘셉트에 도전하면 더없이 아름다울 것이다. 소재는 순백색의 광택감 있는 새틴이나 실크를 추천한다.

메이크업

메이크업은 컬러를 많이 올리기보다는 눈이나 입술 중 하나에 포인트를 주면 좋다. 심지어 스모키 메이크업도 잘 어울릴 것이다.

부케

부케는 카라처럼 시크하고 직선적인 디자인이나 선명한 대비감과 무게감이 표출되는 스타일이 좋겠다.

한복

겨울 쿨톤의 한복은 일단 선명하고 화려한 컬러가 좋다. 예전 궁중에서 입던 스타일같이 공단의 광택과 무게감이 잘 어울린다. 요즘 유행하는 밝고 부드러운 컬러보다는 짙은 적색, 녹색, 감색 등이 베스트 컬러이다.

지금까지 퍼스널 이미지에 어울리는 웨딩 콘셉트를 살펴보았다. 특별한 날에 진행되는 웨딩 콘셉트는 일상 스타일보다 훨씬 더 정교한 퍼스널 이미지 컨설팅이 요구된다.

영화 〈어바웃 타임〉에서 입술을 귀까지 올린 채 환한 미소를 짓고 결혼식장에 입장하는 레이첼 맥아담스는 무척 아름다웠다. 빠른 템포로 〈Il Mondo〉가 배경 음악으로 흐르더니 폭풍우가 몰아쳐 결혼식이 아수라장으로 변했지만 레이첼의 환한 미소는 그칠 줄 모른다. 지나치게

▶ 겨울 쿨톤

심플해서 도통 결혼 예식에는 어울려 보이지 않는 레이첼의 수수한 드레스가 오히려 그녀의 큰 미소를 더욱 빛나게 했다.

폭풍우가 하객을 모두 쫓아버려도 가장 아름다운 모습으로 사랑하는 사람에게 환한 미소를 보이는 결혼식을 꿈꾼다. 내가 사랑하는 모든 사람이 그런 웨딩을 기억했으면 좋겠다. 생각만으로도 입꼬리가 하늘 높이 올라간다.

자신에게 어울리는 최상의 퍼스널 이미지를 효과적으로 살린다면 누구든 레이첼만큼 행복한 웨딩을 맞을 수 있다. 화려한 웨딩드레스에 쏙 끼워진 신부보다, 빨간 드레스로 심플하게 포인트를 준 레이첼이 훨씬 더 예뻐 보이는 건 나만의 착각은 아닐 것이다.

드레스 투어를 가기 전에 나의 퍼스널 컬러가 어떤지, 골격이나 체형이 무엇인지 안다면 선택이 굉장히 쉬워질 것이다. 웨딩드레스뿐만 아니라 부케, 한복, 메이크업까지 고려해 전체적인 나의 웨딩 콘셉트를 잡아보자.

퍼스널 컬러와 골격에 맞는
웨딩드레스 고르는 방법

중년 남성을 위한 프로젝트

수트 패션은 천편일률적이고 보편적이라는 나의 선입견을 여지없이 초토화시킨 고객 P를 떠올려본다. 지금도 당시의 충격에 어지럼증을 느낀다. 100톤짜리 커다란 망치가 머리를 크게 내리친 듯, 첫인상이 강렬함 그 자체였다.

당시 P는 갓 마흔을 넘긴 미혼 남성이었다. 그의 드레스 셔츠, 수트 재킷, 팬츠는 파격이라는 단어보다 '너무 과하다'라는 표현이 더 어울렸다. 넥타이 매듭은 나도 생전 본 적 없던 방식이었고 반지, 팔찌, 목걸이까지 디테일 하나하나가 모두 과했다. 게다가 목걸이 곁에서 한껏 튀는 색상으로 시선을 사로잡던 이어폰 케이블까지… P는 '무난, 보편, 평범'

이라는 단어와는 담을 쌓은 듯 보였다.

　자신만의 확고한 스타일을 고수하던 P는 나 같은 퍼스널 이미지 브랜딩 컨설턴트에게 쉬운 상대가 아니다. 패션에 무딘 보통 남성은 스타일에 대한 작은 코멘트에도 크게 고무되기 마련인데 P는 그런 상대가 아니었기 때문이다. 무엇보다 P에게 시급한 문제는 과한 디테일을 덜어내는 것이라고 판단했다. 그래서 나의 코멘트에 그가 어떤 반응을 보일지 예상할 겨를이 없었다.

　"퍼스널 컬러가 웜톤인지 쿨톤인지를 진단할 때가 아닌 것 같아요."

　다행히 P는 그다지 기분 나쁜 표정 없이 고개를 위아래로 조용히 끄덕였다.

　"제 기준으로도 고객님의 스타일은 너무 과하세요."

　물끄러미 나를 바라보는 P의 두 눈에서 '그럴 줄 알았어요'라고 말하는 듯한 수줍음이 떠올랐다.

　"도와주세요."

　P는 '과하게 넘치는 스타일'에 쏟았던 열정 이상으로, 나의 '덜어내는 스타일'을 주저 없이 받아들였다. 컨설팅 내용을 잊지 않고 자신에게 제대로 적용하려고 부단히 노력했다.

　"다 비슷하긴 한데 토요일은 캐주얼, 일요일은 수트가 어떨까요?"

　우리는 틈나는 대로 인스타그램이나 카카오톡으로 소통했다. 헤어스타일, 컬러, 옷이나 액세서리 스타일에 대해 의견을 나누었고 나는 성심을 다해 조언했다.

　"스타일이 확 바뀌신 듯해요. 응원합니다."

　물 만난 고기처럼 P는 급격히 변화했고 스타일에 대한 자신감도 충만

해졌다. 이를 지켜보며 나는 그에게 행복한 응원을 보냈다.

　P가 시크하고 세련된 도시 남자의 모습으로 바뀌면서 그에 대한 주변의 평가가 좋아지고 반응도 뜨거워졌다. 그의 자신감은 성공적인 연애 생활로 이어졌고 마침내 결혼까지 성공했다. 때마침 겨울 쿨톤의 퍼스널 컬러 이미지였던 P에게 시기적으로도 금상첨화였던 변신이었다.

대한민국 중년 남성을 위한 기본 스타일링 tip

K에게 제공했던 컨설팅 팁을 중심으로, 대한민국 중년 남성을 위한 기본 스타일링에 대해 몇 가지 조언을 전하고 싶다.

1. 무엇보다 절제미가 중요하다

　디자인, 디테일, 컬러, 액세서리 등을 모두 화려하게 강조하기보다는, 한두 개의 포인트에만 시선을 집중시키는 것이 좋다. 명심하라. 남성의 스타일은 더하는 게 아니라 '빼는 것'이다.

2. 기본에 충실하자

　남성 패션 아이템은 여성보다 트렌디하지 않기 때문에 유행에 따른 패션 아이템보다 기본 아이템을 갖춰두는 것이 좋다. 남성을 위한 기본 패션 아이템은 뒤에서 따로 언급하겠지만 무엇보다 '소재'가 중요하다. 특히 구두, 벨트, 가방 등의 가죽 소재는 오래될수록 멋스러워지니 좋은 소재를 구입해 오래 사용하는 방식이 합리적이다.

3. 때와 장소에 맞는 격식을 생각하자

남성복은 권력의 또 다른 모습이라고도 한다. 어디에서나 존중받기 위해서는 격식을 염두에 두어야 하고, 때와 장소에 어울리는 스타일을 갖춰야 한다.

골프복은 골프장에서, 등산복은 산에서 입는 옷이다. 유럽에는 수많은 성당들이 아름다운 건축물로서 명소로 자리 잡고 있는데, 그런 장소에서 만나게 되는 아웃도어 차림의 중년 남성들은 그들의 국적이 대한민국이라는 사실을 자랑스럽게 알려줄지는 몰라도, 격식도 없고 때와 장소를 전혀 고려하지 않은 이기적 스타일링이다.

드레스 셔츠는 반드시 비즈니스 수트 안에 입어야 하고, 캐주얼 셔츠는 되도록 캐주얼 재킷 안에 입어야 한다. 구두를 신을 때는 목이 길어 다리의 피부를 가려주는 긴 양말을, 스니커즈에는 캐주얼 양말을 신는 것이 옳은 방법이다. 벨트는 정장용과 캐주얼용을 구분해서 착용하고,* 드레스 셔츠 안에는 러닝셔츠를 입지 말아야 한다.

4. 액세서리를 적절하게 이용하자

여성 패션과 달리 남성의 경우에는 여러 포인트에 걸쳐 액세서리를 착용하면 과하다는 부담감에서 벗어날 수 없다. 하지만 한두 포인트에 집중하여 적절하게 액세서리를 착용한다면, 과함이 아닌 센스가 넘쳐흐른다는 주위의 평판이 따라올 것이다.

---

* 기본적으로 정장용은 캐주얼보다 폭이 좁은데, 체형에 따라 2.5~3.5센티미터 정도의 벨트 폭을 추천한다.

행커치프나 넥타이는 밋밋한 수트 의상에 포인트를 줄 수 있는 좋은 액세서리이다. 컬러로 그날의 기분이나 의지를 표현하기 좋으며, 여성의 보석처럼 시그니처나 스테이트먼트 포인트로 삼을 수 있다.

비 오는 날 묵직하고 클래식한 디자인의 우산을 펼쳐든 남자에게서 신사의 품격을 느끼고, 한겨울에 장갑과 머플러를 멋들어지게 갖춘 남성에게서는 왠지 모를 인생의 여유로움이 묻어난다. '격식'이 '때와 장소'를 만나면 생각보다 많은 인격의 뒷모습이 드러난다.

5. 퍼스널 컬러를 제대로 활용하자

여성은 메이크업과 다양한 패션 아이템을 통해 여러 방면으로 컬러를 활용할 만한 수단이 있지만, 남성의 경우에는 별다른 표출구가 없다. 그래서 무엇보다 상의 컬러를 활용하는 게 매우 중요하다.

퍼스널 컬러의 사계절까지는 아니더라도, 웜톤과 쿨톤 정도는 구분하려는 노력을 기울이면 좋겠다. 남성복에서 가장 많이 활용하는 네이

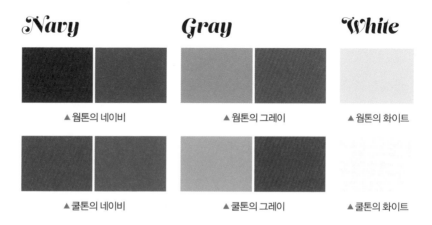

Navy	Gray	White
▲ 웜톤의 네이비	▲ 웜톤의 그레이	▲ 웜톤의 화이트
▲ 쿨톤의 네이비	▲ 쿨톤의 그레이	▲ 쿨톤의 화이트

비, 그레이, 화이트 계열도 웜톤과 쿨톤으로 나눠진다는 사실을 인지하는 것만으로도 큰 도움이 된다. 이렇게 톤을 구분하여 자기 얼굴색에 적합한 컬러의 상의를 고르는 기교만으로도, 중년 남성의 나이가 최소한 5년 정도는 어려 보일 수 있다.

과함의 미학은 화려함으로 눈길을 끌 수 있지만, 절제의 미학이 가지는 감동을 선사할 수는 없다. 게다가 아직은 〈핸섬 수트the Handsome Suit〉[•]의 마법이나 과학 기술도 세상에 존재하지 않는다.

감히 말하고 싶다. 수많은 패션 아이템과 핸섬 수트의 더미에서 자신을 끄집어내라. 그리고 '덜어내는 스타일'의 미학으로 당당하게 나를 표현하라.

남성 코디 완전 정복!
수트, 어떻게 입을까?

• 하나부사 츠토무 감독의 2008년작 일본 영화. 가상의 핸섬 수트를 착용하면 뚱뚱하고 못생긴 남자도 모델 뺨치는 핸섬 가이로 변신한다는 코미디 작품이다.

골격별 스카프
활용하기

멋스럽게 스카프만 잘 걸쳐도 이미지가 확 달라진다. 가방, 구두, 시계, 귀걸이, 모자 등 다른 패션 아이템들과 달리 스카프는 20대부터 60대, 70대까지 전 연령층에 상관없이 세련되게 연출하고 사용할 수 있는 아이템이다. 또한 다른 아이템과 달리 유행에 민감하지 않은 클래식한 아이템이라 엄마와 딸이 함께 사용할 수 있다.

　문제는 잘못된 방법으로 매면 촌스럽고 답답해 보일 수 있다는 사실이다. 그렇기에 스카프 하나를 골라도 자신의 체형에 맞게, 그리고 각자의 퍼스널 컬러에 맞게 고른다면 진짜 멋쟁이가 될 수 있다.

골격별 스카프 활용법

스트레이트 골격

우선 스트레이트 골격을 가진 사람은 두께감이 큰 흉부, 그리고 짧고 단단하여 근육감이 돋보이는 목이 특징이다. 그래서 스카프가 어울리지 않는 편이다. 오히려 목에 무언가를 칭칭 감으면 답답해 보이고, 그렇지 않아도 큰 상체만 더욱 커 보이게 만들 수 있다.

군이 스카프 연출을 하고 싶다면 부피감이 없는 소재를 선택해야 한다. 그리고 목선이 길어 보이도록 연출하는 것이 좋다. 맥시 트월리 같은 직사각 형태의 스카프를 깔끔하게 걸치거나, 매듭을 목 주변이 아닌 가슴 쪽으로 더 내려서 V존을 깊게 만들면 답답함을 덜 수 있다.

정사각 형태의 스카프는 깔끔하게 접어서 단정하게 묶어주면 좋다.

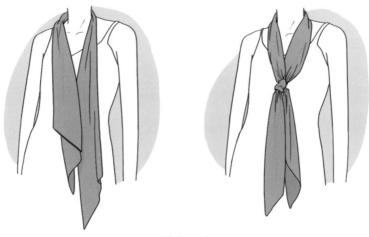

▶ 스트레이트 골격

부피감 없는 심플한 연출로 스트레이트 골격의 상체에 약간의 포인트만 주는 것을 목적으로 두면 된다.

웨이브 골격

웨이브 골격의 특징은 긴 목과 다소 평평한 가슴이다. 그래서 샤방샤방 공주 스타일이 잘 어울리며, 깊게 파진 네크라인은 금물이다. 목이 너무 깊이 드러나면 상체가 휑하고 빈약해 보이니 깊게 파인 네크라인은 금물이다. 웨이브 골격이라면 스카프를 자유자재로 연출할 수 있는 능력을 갖추는 게 좋다.

하지만 스카프 원단이 너무 두껍거나 부피감이 지나치거나 소재가 하드해 보인다면, 오히려 상체를 더 왜소하게 만든다. 말 그대로 의상에 몸이 파묻히는 셈이니 피해야 한다.

목선이 가늘고 긴 웨이브 체형은 어떻게 스카프를 스타일링하면 좋

173

▶웨이브 골격

을까?

앞 왼쪽처럼 트월리를 심플하게 바짝 매는 편이 가장 잘 어울린다. 목이 횅해 보이는 옷을 입어야 하는 경우도 있을 텐데 그럴 때는 스카프로 목 주변을 채워주면 좋다. 두껍지 않은 소재의 스카프로 목 주변을 풍성하게 감싸주면 포인트도 강조할 뿐 아니라 볼륨 넘치는 우아함을 연출할 수 있다.

내추럴 골격

마지막으로 내추럴 이미지는 골격이 단단하고 길쭉길쭉하다는 특징이 있어 루스한 오버핏이 잘 어울리는 체형이다. 그런데 이 점이 스카프에서도 마찬가지다. 단정하고 예쁘게 매기보다는 자연스럽게 툭 걸쳐주는 것만으로 스타일이 살아나기 때문이다.

174

▶ 내추럴 골격

이러한 골격 이미지에 따른 스카프 선택과 착장법 외에도 알아두면 좋을 팁이 몇 가지 더 있다.

첫째, 나의 퍼스널 컬러에 어울리는 스카프를 골라야 한다. 스카프는 얼굴과 가까운 곳에 착용하기 때문에 퍼스널 컬러의 효과가 더 크게 드러나기 때문이다.

둘째, 나의 이목구비 특성에 잘 맞는 스카프의 디자인 패턴을 찾아야 한다. 이목구비가 크고 화려한 사람은 똑같이 크고 화려한 패턴이 어울린다. 직선형 이목구비라면 줄무늬나 체크 등 직선적인 무늬를 선택하고, 곡선형으로 둥글둥글하다면 플라워나 페이즐리 등 곡선 패턴의 무늬를 활용하면 좋다.

퍼스널 컬러와 골격별
스카프 추천 & 활용법

목 말고 다른 곳에도 묶어보자

스카프만큼 패션 스타일링에 도움이 되는 만능 재주꾼도 드물다. 그러니 목에만 매지 말고 아래 사진처럼 손목, 가방, 발목, 헤어 테일, 허리 등에도 과감하게 착용해보면 어떨까.

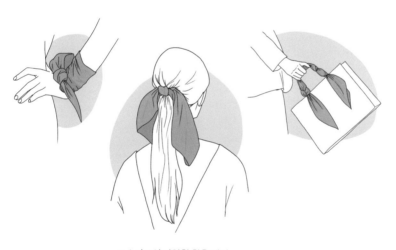

▶스카프의 다양한 활용 예시

personal color

저는 사람을 통해 에너지를 얻고, 이로써 행복한 삶을 살아갑니다. 퍼스널 컬러 및 이미지브랜딩 컨설턴트의 길을 걸으면서 어제보다 오늘이 더 빛나고 내일이 더 기대되는 삶을 살고 있습니다. 많은 사람을 만나고 그들의 강점을 찾아내어 일깨워주는 지금의 시간이 제 인생에서 가장 매력적인 시간임에 틀림없습니다. 이렇게 매력적인 직업을 갖게 된 나의 행운에 대해, 언제나 감사한 마음을 잊은 적이 없습니다.

국내 굴지의 출판사인 김영사가 저에게 책을 내보자고 제안을 하였을 때. 그 기쁨은 이루 형언할 수 없었습니다. 하지만 이내 건방과 허영이라는 단어가 내 머리 주변을 떠도는 듯한 착각에 빠지면서 정중히 고

사했습니다. 그러던 어느 날 뇌리를 강하게 내리치는 듯한 큰 울림에 화들짝 정신을 차렸습니다. 저의 콘텐츠가 세상 사람들의 숨겨진 자아를 발견하게 도와줄 수 있다는 사실을 각성하였기 때문입니다.

서는 누구보다 집중적으로 다양한 사람들을 컨설팅하였고, 퍼스널 컬러 및 이미지 브랜딩 전문가들을 교육해왔으며, 퍼스널 컬러와 골격 이미지 분석의 대중화를 위해 많은 콘텐츠를 만들었습니다. 이러한 값진 경험과 노하우를 더 많은 사람들에게 알리고 전파해야 한다는 의무감을 가지게 되었고, 그래서 바쁜 일과 속에서도 틈틈이 책을 써내려갈 수 있었습니다.

얼마 전 궁중 대궐을 배경으로 한 사극 드라마에서 난데없이 여주인공을 상대로 퍼스널 컬러를 진단하는 장면을 보고 배꼽을 잡았는데, 격세지감을 느끼며 흐뭇한 미소가 저를 떠나지 않았습니다. 이 책을 완성하는 동안 많은 분들이 퍼스널 컬러에 관심을 갖고 있다는 것도 알게 되었습니다.

책을 기획할 때부터 퍼스널 컬러에 대한 세부 색 톤을 8분류로 구분하였는데, 이제는 12분류까지 더욱 세분화하는 경향이 늘어나고 있습니다. 12분류로 확대해볼까 하는 생각을 하지 않은 것은 아니지만, 누구나 퍼스널 컬러를 손쉽게 이해할 수 있도록 이 책을 썼기 때문에 8분류가 더 나은 선택이라는 결론에 이르렀습니다. 12분류에 대한 더 많은 이야기는 기회가 된다면 다음 책에서 재미있게 풀어볼 생각입니다.

저를 컨설턴트 계의 선배이자 스승으로 받아들여 바이허의 도약을 함께 시작한 강아라 선생님, 언제나 한결같이 제 큰 버팀목이 되어주는 김지영 부원장님, '팽대표의 나를 찾는 TV' 채널을 만드는 데 지원을 아끼지 않았던 임혜진 에디터님, 한국퍼스널이미지브랜딩협회를 통해 저와 인연을 맺은 수많은 협회 수강생들과 선생님들이야말로 이 책이 세상의 빛을 보는 데 큰 도움을 주신 분들입니다. 그리고 지금 퍼스널이미지브랜딩센터를 이끌며 저와 같은 꿈을 꾸고 있는 김성은 이사님과 김정연 실장님에게 감사의 박수를 보냅니다. 또한 항상 덜렁대고 빈틈이 많아 실수투성이인 저를 조용히 도와주는 가족들에게도 고마운 마음을 전합니다. 저의 컨설팅, 강의, 유튜브 콘텐츠 등을 통해 각자의 장점과 스타일을 찾고 자신감 있게 살아가는 분들을 사랑합니다.

마지막으로 저는 이런 꿈을 꾸어봅니다. 이 책을 읽는 모든 분이 나를 찾는 첫 여정을 시작하기를 말입니다. 그리고 자존감이 높아져 더욱 당당하고 힘찬 인생을 즐기시기를 간절히 기도합니다.

179

2023년 2월
새로운 바이허의 보금자리에서
책의 마침표를 찍으며
팽정은

퍼스널 컬러 셀프 진단 키트

사계절을 나타내는 8장의 진단 키트를 이용해
내 얼굴에 가장 잘 어울리는 색을 찾아보세요.

봄 웜톤 라이트	봄 웜톤 브라이트	여름 쿨톤 라이트	여름 쿨톤 뮤트

personal color

가을 웜톤 뮤트	가을 웜톤 딥	겨울 쿨톤 브라이트	겨울 쿨톤 딥

personal color

인생을 바꾸는
퍼스널 컬러 이야기

/

퍼스널 컬러 셀프 진단 가드

personal color

인생을 바꾸는
퍼스널 컬러 이미지
/
퍼스널 컬러 셀프 진단 카드

personal color

인생을 바꾸는
퍼스널 컬러 이야기
—
퍼스널 컬러 셀프 진단 가이드

personal color

인생을 바꾸는
퍼스널컬러 이야기
/
퍼스널컬러 셀프 진단 키트

personal color

인생을 바꾸는
퍼스널 컬러 이야기
—
컬러 블루 컬러 판단 케스

personal color

인생을 바꾸는
퍼스널 컬러 이미지
-
퍼스널 컬러 진단 카드

킬리만자로 눈 녹듯

personal color

인생을 바꾸는
퍼스널 컬러 이야기
/
퍼스널 컬러 셀프 진단 가드